民用机场场面
MLAT系统
若干关键技术研究

彭 卫 邹 芳 季振义 龙 梅 著

Research on Several Key Technologies of
Civil Ariport Surface MLAT System

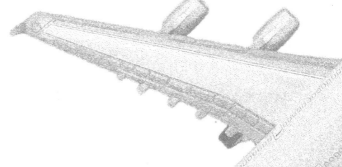

 西南财经大学出版社

中国·成都

图书在版编目(CIP)数据

民用机场场面 MLAT 系统若干关键技术研究/彭卫等著.—成都:西南
财经大学出版社,2022.7
ISBN 978-7-5504-5123-0

Ⅰ.①民… Ⅱ.①彭… Ⅲ.①民用机场—定位系统—研究—中国
Ⅳ.①V249.32

中国版本图书馆 CIP 数据核字(2021)第 215366 号

民用机场场面 MLAT 系统若干关键技术研究

MINYONG JICHANG CHANGMIAN MLAT XITONG RUOGAN GUANJIAN JISHU YANJIU

彭卫　邹芳　季振义　龙梅　著

责任编辑:王青杰
责任校对:高小田
封面设计:墨创文化
责任印制:朱曼丽

出版发行	西南财经大学出版社(四川省成都市光华村街55号)
网　址	http://cbs.swufe.edu.cn
电子邮件	bookcj@swufe.edu.cn
邮政编码	610074
电　话	028-87353785
照　排	四川胜翔数码印务设计有限公司
印　刷	郫县犀浦印刷厂
成品尺寸	170mm×240mm
印　张	10.5
字　数	194 千字
版　次	2022 年 7 月第 1 版
印　次	2022 年 7 月第 1 次印刷
书　号	ISBN 978-7-5504-5123-0
定　价	68.00 元

前　言

MLAT（multilateration）是基于接收信号到达时间差（time difference of arrival，TDOA）的定位系统。将其应用于机场场面目标的监视时，目前面临着如下四个挑战：

（1）对于典型的机场场面的地理环境，传统的定位算法并不是最优的；

（2）非视距成分（non-line of sight，NLOS）严重影响 MLAT 系统的性能；

（3）缺乏适合 MLAT 系统的目标运动状态检测算法；

（4）现有 MLAT 主流同步方式有安全隐患。

针对上述问题，结合实际工程系统，本书将提出相应的一些解决方法。

本书主要的贡献和创新点包括：

第一，基于机场场面目标及 MLAT 系统的特点，本书提出了一种改进的时差定位法，该算法特别适合应用于场面监视的 MLAT 系统。相较于传统的三维定位算法，该算法不但可以提高定位精度，还可增强系统的鲁棒性。本书给出了改进定位算法的克拉美罗界（cramer-rao low bound，CRLB），并进一步推导出了该算法与三维定位算法精度之间的理论关系，由此从理论上证明了该算法的定位精度高于传统的三维定位算法。与此同时，基于条件数理论，我们还证明了该算法的鲁棒性优于传统的三维定位算法。

第二，根据直角坐标系的目标运动模型和 MLAT 的特点，我们推导出了一种 TDOA 状态模型方程，并基于该模型方程，设计了一种 TDOA 跟踪滤波器。与传统 TDOA 状态模型方程相比，我们所推导出的状态模型方程和滤波器不但能提高 TDOA 的估计精度，还可更有效地消除 NLOS 成分。仿真和实测数据证实了所推导状态模型方程和所设计跟踪滤波器的有效性。

第三，由于 GDOP（geometric dilution of precision）的影响，MLAT 系统的定位噪声与目标几何位置有关，这将导致传统检验方法的性能下降。针对该问题，本书提出了一种应用于机场场面 MLAT 监视系统的目标静止/运动状态检验方法。通过构造归一化检验量（normalized statistic），该方法可消除 GDOP

对检验性能的影响。本书所提出的方法的检验原理如下：当目标处于静止状态时，所构造的归一化检验量是中心化的 Chi 分布；当目标处于运动状态时，所构造的归一化检验量为非中心化的 Chi 分布。一种对应的滑动窗口检验方法被同时提出以便满足不同的性能要求。本书所提出的方法经过了严格的理论推导和性能分析，并通过仿真实验证明了其有效性和合理性。

第四，提出一种使用多个参考发射机实现大型机场场面监视 MLAT 系统同步的新方法。该方法将参考发射机对接收站点的影响及接收站点之间的相互作用模型化为图模型中的节点、连通可达路径和权重关系，从而将接收站点间 TDOA 同步误差量的最优估计问题等价成图论中的加权最短路径问题。仿真结果表明，通过拓扑布局合理的多个参考发射机，可很好地实现全部接收站点间 TDOA 同步误差量的估计和校正。

本书内容安排如下：

第一章为绪论，介绍了 MLAT 系统的基本原理及国内外的一些应用。

第二章给出了一种适用于机场场面 MLAT 监视系统的定位算法及其性能分析和相关理论证明。

第三章是笔者所提出的一种机场场面 MLAT 监视系统的目标状态检验方法及其性能分析。

第四章，笔者提出了一种 TDOA 状态模型方程并对其进行了性能分析。

第五章，笔者提出了一种基于多参考发射机的 MLAT 系统的同步方法，可适用于大型机场场面监视 MLAT 系统中各个接收站点间的同步。

第六章是总结和展望。

最后是附录，涉及了如下内容：有关 TOA 的无源多点定位中相关解决方法的理论证明，可用于设计与 TOA 相匹配的系统；作者参与的一些与民用航空 MLAT 系统有关的发明和工程具体实现；与本书相关内容匹配的部分 Matlab 代码。

彭卫

2022 年 6 月

目　录

1 绪论

1.1 研究背景及意义

当前，我国民航运输业经过多年的改革与发展，取得了显著成效，已经发展成为一个对国民经济、社会发展起到重要作用的全球第二大航空运输系统。我国民航客运在 20 世纪 80 年代中期开始进入成长期，货运自 20 世纪 90 年代初进入成长期。定期航班运输总周转量（不含中国港、澳、台地区）在国际民航组织缔约方中的排名，由 1978 年的第 37 位上升至 2015 年的第 2 位，近几年一直保持世界第 2 位（仅次于美国）。参照国际民航运输业的发展经验，民航成长期一般可以持续三四十年，因此我国民航业在未来相当长的时间内仍将保持较快的增长速度。

截至 2010 年年末，我国共有颁证运输机场 202 个，比 2009 年增加 9 个。定期航班航线 3 142 条，按重复距离计算的航线里程为 703.11 万千米。2019 年，全行业完成旅客运输量 65 993.42 万人次，比 2018 年增长 7.9%，全行业完成运输周转总量 1 293.25 亿吨千米，比 2018 年增长 7.2%。全国民航运输机场完成起降架次 1 166.05 万架次，比 2018 年增长 5.2%[1]。

国际机场协会将机场喻为"国家和地区经济增长的发动机"。随着经济全球化的推进和信息经济时代的到来，民航运输所拥有的便捷、舒适的特点也将发挥越来越重要的作用，而机场作为民航运输的起点和终点，是现代城市关键的综合交通枢纽，已成为集聚和辐射要素流动的中心、连接市场和资源的纽带。近年来，尽管我国民航在机场的基础建设、设备更新以及管理方法上进行了卓有成效的改进，但依然不能充分满足行业的高速发展对机场特别是大型机场在安全、效率和服务等方面提出的更高要求。

目前，我国大型枢纽与干线机场的资源相对于不断增长的航班数量与客运量来说是十分紧张的。据统计，2012年10月，北京首都国际机场的航班日起降数量接近1 600架次。如此大的航班量，已经给首都机场的空中走廊、跑道、滑行道、停机位、航坪作业与航站楼等方面的运行管理造成了很大的压力，稍有失误，极易造成繁忙的机场拥堵、航班延误甚至发生场面上的交通安全事故。运输量增加所造成的事故在国内外均有发生。例如，2006年8月27日，东航A320客机和南航B777客机在首都国际机场停机坪上发生碰撞事故，致使两架飞机机身严重受损。2011年4月，在美国的肯尼迪国际机场，一架空中客车A380与一架支线客机发生了碰撞。2011年11月11日，在厦门机场，一辆工作车撞上飞机，飞机航班被迫取消。2014年11月11日，一架南航飞机和一架东航飞机在广州白云机场发生碰撞，南航飞机左大翼的上半段被刮掉一截。2016年1月27日，上海虹桥机场发生两架飞机剐蹭事故，导致两架飞机翼梢受损。这些事实表明，在我国民航业高速发展的大背景下，航空运输业需求与机场处理能力的矛盾日益突出，已经成为制约我国民航业发展的瓶颈问题之一。为了保证安全和提高运量，急需对场面上的进行精确定位和跟踪。

通常来说，现代大中型机场场面具有如下特点：

(1) 覆盖区域面积广，一般有几十平方千米，并有多条跑道。

(2) 飞机及各种服务车辆数量较多。

(3) 机场场面的地理环境较为复杂，场面上一般有跑道、廊桥、候机楼、货运楼、滑行道、停机坪、草地及各种附属设备等，周边也许还有树木、山丘，通常大型机场附近还有大型建筑（例如宾馆和办公楼等）。

(4) 气象因素对机场的运行影响较大，雨、雪、雾等均会影响可见度及飞机的性能。

如何在复杂的机场环境和恶劣的气象条件下对场面上飞机及各种服务车辆进行定位、跟踪、识别和标识，是场面调度和安全保障的前提和基础。由于地形、障碍物、天气等外界因素的影响，基于雷达的传统监视手段不但存在观测盲区，而且无法直接获得飞机及场面车辆的标识，已越来越不能满足现代机场场面监视的要求[2]。

1.2　多点定位技术简介

近年来，基于无线系统的位置感知正得到越来越多的关注。例如，在移动蜂窝通信系统、无线局域网和无线传感器网领域，由于对位置定位的实际需求

（例如实时感知顾客在商场内的具体位置和紧急情况下的救援），相关研究和实际工程系统也不断发展，其中多点定位技术是发展的主流趋势。

多点定位是通过多个接收站点（锚点）和目标之间的相互关系（距离或距离差）来对目标进行定位的一种技术。相较于传统的单点定位技术（例如雷达），多点定位技术存在以下特点：

（1）与传统单点定位技术相比，多点定位系统的精度不但与单点发射和接收的媒介有关（例如雷达中的定位精度与发射信号的带宽有关、角度测量与波束宽度有关），而且与接收站点之间的位置配置关系、目标位置与各个接收站点的位置配置有关。

（2）多点定位的鲁棒性要优于单点定位技术。这是由于目标的定位精度与多个站点有关，某个站点或某几个站点被遮挡和出现故障，不会造成系统的全局功能丧失。

（3）多点定位系统通常较为简单，全系统成本也较低。

（4）多点定位系统的位置设置较为灵活，不必过多考虑单点定位中常见的位置选择失当而引起的一些问题。

（5）多点定位系统的数据更新率不再与扫描速率相关，可灵活设定。例如，通过调整应答速率来适应不同区域的数据更新率要求。

目前，典型的多点定位系统的实现方法有基于到达角度（angle of arrival，AOA）、基于到达时间（time of arrival，TOA）、基于到达时间差（time difference of arrival，TDOA）、基于接收信号强度（received signal strength，RSS）等。如果将目标视为位置未知的节点，则多点定位系统由多个节点（发射节点和接收节点）构成，其定位步骤可分成两个有序阶段：

（1）精确估计未知位置节点（目标或发射结点）到所有已知位置节点（接收节点或锚点，anchors）之间的距离，即距离测量阶段。

（2）通过三个或多个已知位置节点（锚点）之间所测距离的相互作用，定出未知节点（目标）的准确位置，此为定位算法阶段。

这几种定位系统的实现方法在原理上有一定的相似性，例如，都存在距离测量阶段和定位算法阶段，但是，在具体的距离测量实现方法和定位算法的实现上有着较大的差别。在实际中可以通过几种定位方法的组合来进一步提高性能。基于篇幅的原因，本书在这里分别只对 AOA、TOA、TDOA 和 RSS 进行简单的介绍，感兴趣的读者可参阅相关文献。

AOA 定位技术的原理是通过接收站点之间的角度关系估计接收站点之间的距离，再通过配套的定位算法实现定位。AOA 定位系统不再要求发射站点与各个接收站点及各个接收站点之间的同步，但接收站点之间的扫描角度应保持一定的协调，通常来说，需要阵列天线才能满足这一要求。AOA 定位系统的缺点是对多径效应、非视距传输（NLOS）和阵列的精度较为敏感，且造价较为昂贵[5]。

TOA 定位技术是利用所测量发射站点和接收站点之间的距离来进行定位，具体有单向测距（one way ranging）和双向测距（two way ranging）两种方式。其中，单向测距需确保发射站点和接收站点之间严格的时钟同步，而双向测距则不需要时钟同步，但需要发射站点和接收站点的协调。由于移动终端与基站之间本身存在的同步关系，单向测距广泛应用于移动蜂窝系统中。例如，美国联邦通信委员会（Federal Communications Commission，FCC）建议在移动蜂窝系统中提供紧急情况下的定位功能[3]，在 FCC 规定的增强 911 采用了如下定位精度：100 米内的置信度为 67%，300 米内的置信度为 95%。基于 TOA 的定位中最典型的应用是全球定位系统（global positioning system，GPS）。

多点时差定位技术的原理是通过获得多个接收站点（3 个或 3 个以上的接收站点）所接收发生站的发射信号的 TOA，再计算出接收站点之间的到达时间差（time difference of arrival，TDOA），最后使用专门设计的定位算法解算出目标的位置。与基于 TOA 的定位系统不同，MALT 系统不再需要各个接收站点与发射站点之间严格的时钟同步，而是需要各个接收站点之间保证严格的时钟同步，被广泛应用于无线传感器网络[4]和民用航空中。

在 RSS 系统中，所需的发射站点到接收站点之间的距离是通过发射站点到接收站点之间发射信号的强度衰减–距离关系估计出来的，发射–接收信道直接影响了距离估计的精度，需要可靠和精确的散射模型来估计模型。RSS 系统的优点是系统结构较为简单和成本较低（不需要精确的同步系统和阵列天线）；缺点是在发射站点运动时，难以预测的信道特性会造成测距性能下降，同时，信号强度衰减–距离关系对噪声、多径效应和 NLOS 的影响较为敏感。基于此，通常 RSS 系统多用于对定位精度要求不高、信道较为简单的场景[6]。

近年来，随着面向应用的数据分析技术的发展，基于与所测量无线信号位置有关的指纹信息（fingerprint information）实现发射站点位置定位的模式匹配方法也被提出。其基本原理是利用已测量出的标记数据（训练数据）对估计器进行学习，目的是学习到测量数据与目标位置之间复杂的映射关系。为了便于处理大量的数据，基于指纹信息的定位系统需要一个指纹信息数据库，通过数据库将发射站点存放在不同位置上。各个接收站点所接收的与定位有关的特征包括：信号的强度（signal strengths）、平均超量延时（mean excess delay）、均方根延时扩展（root mean square delay spread）、最大超量延时（maximun excess delay）、总接收功率（total received power）和多径成分数量（number of multipath components）等。实践中，该方法通常分两个阶段：第一个阶段是数据收集和训练阶段，即收集与目标位置有关的标记数据，并对估计器进行学习；第二个阶段是目标位置预测阶段，即将新收集的未标记数据输入训练好的估计器，估计器的输出即目标的位置。如果估计器选择恰当且有质量良好、数据较多的标记数据，该方法可获得较好的效果，但其也存在估计器定位原理不清楚（黑箱）、环境变化会引起较大误差、需要容量较大且随时更新的数据库及实时性较差等缺点[7]。

常用多点定位方法比较见表 1-1。

表 1-1　常用多点定位方法比较

定位类型	特点	优缺点	应用领域
AOA	利用角度信息构造发射站点和接收站点之间的连接线，连接线的交点即发射站点的位置	一般需要阵列天线来满足角度之间的关系，这意味着成本较高和系统的体积较大	可用于非合作目标定位、对接收站点的体积不做要求的场景，典型应用有军用目标的定位
TDOA	需测量发射站点到接收站点之间的距离差或时间差	需要全部接收站点之间的时间同步	多用于合作目标和非合作目标定位，典型应用有无线传感器网络和民用航空领域
TOA	测量发射站点和接收站点之间的距离	单向测距需要发射站点和接收站点之间的时间同步，双向测距不需要发射站点和接收站点之间的时间同步	多用于合作目标定位，典型应用有蜂窝移动通信系统和全球定位系统（GPS）
RSS	通过信号的距离-衰减特性估计出发射站点到接收站点的距离	需要精确可靠的散射模型，系统成本较低，架构简单，发射站点的运动和信道变化将会造成距离估计出现较大的误差	通常应用于精度要求较低、成本不高、信道变化较小的场景，典型应用有商场内人员的定位
指纹信息模式	需要获得在不同的位置及不同信道情况下所测信号的指纹信息	需要在离线情况下的指纹数据库和训练好的估计器，对场景变化敏感	可用于无线局域网和蜂窝移动通信网

在民航应用中，由于难以保证飞机和地面接收站点之间的严格同步关系且对定位精度、可靠性要求较高，通常采用基于 TDOA 的定位系统，例如 MLAT （multilateration）定位系统，它是近十年来出现的一种先进的机场场面监视系统（基于 TDOA）。MLAT 系统可利用民航飞机的标准应答信号进行定位，不需要额外加载和改造机载电子设备。MLAT 不但可以对场面移动和静止的飞机和车辆等目标进行精确监视，还可以通过解码 A/C 模式中 SSR 代码或 S 模式下的飞机全球唯一地址码，实时提供目标的标识码[8]。MLAT 系统的工作原理和工程结构组成分别见图 1-1 和图 1-2。

图 1-1　MLAT 系统的工作原理

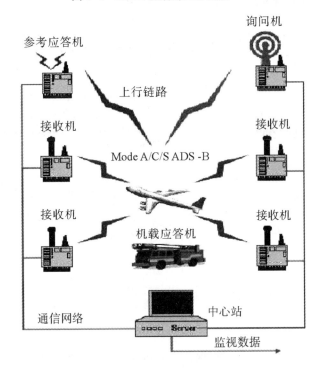

图 1-2　MLAT 系统的工程结构组成

MLAT 系统具有极强的可靠性和准确性，可以克服传统场面监视方法对外界因素依赖度较高的缺点，适用于各种安装有 A/C 模式、S 模式等的各类 1 030 MHz、1 090 MHz 参考发射机以及装有 ADSB 设备的飞机，在机场场面范围内能提供相当于 DGPS（differential global positioning system）精度的精确监视，从而提供过去不可能实现的监视覆盖范围和精度[9]。同时，与传统机场场面监视设备相比，MLAT 系统具有较小的室外机箱和非旋转天线，可以较为方便地安装在现有机场设施（通信塔、跑道、控制塔台、照明灯架、候机楼等）上。

MLAT 系统也是国际民航组织（International Civil Aviation Organization，ICAO）所推荐的先进的场面活动引导和控制系统（advanced surface movement guidance and control system，A-SMGCS）的监视功能的核心技术，国内外许多研究机构认为 MLAT 系统具有取代现有二次雷达的趋势[10][11][12]。

近年来，国外投入了大量人力、物力和财力开展有关 MLAT 技术和系统的研究，ICAO、美国联邦航空局（Federal Aviation Administration，FAA）、欧洲航空安全组织（Eurocontrol）等国际和地区民航组织将 MLAT 作为标准监视系统进行推荐，并制定了一系列相关的技术标准和发展规划，组织了一系列的验证评估试验工程[13]。

目前，MLAT 系统的国外开发及制造商主要有森西斯（Sensis）、萨博（Saab）、英德拉（Indra）、泰勒斯（Thales）等公司，它们所生产的产品已在世界上几十个国家的 100 多个机场使用，这些机场包括都柏林机场、里斯本机场、大阪机场、达拉斯机场、底特律都会机场、法兰克福机场、因斯布鲁克机场、维也纳机场、希思罗机场等。国际上，欧洲和美国已经在场面监视的 MLAT 基础上开始研究广域多点定位监视系统（wide area multilateration，WAM-LAT），并希望该系统能成为现有二次雷达系统的替代产品。在国内，2007 年，中国民航决定采用 MLAT 作为北京首都国际机场现有空管系统的补充和增强，系统集成商为挪威 PARKAIR 和捷克 ERA 公司。整个系统由中央处理单元和 32 个远端站组成，其中包括 32 个收信机、10 个发信机和 4 个参考发射机。

在国内，基于 TOA、TDOA、RSS 定位的理论工作主要是由高校来完成，研究热点领域主要是移动通信网、传感器网络、室内局域网的多点定位技术。中国民航大学、民航飞行学院、北京航空航天大学、电子科技大学等做了许多涉及民航内 MLAT 的基础理论工作。中国民用航空总局第二研究所经过几年的研究开发和刻苦攻关，已开发出了目前国内第一套拥有全自主知识产权的 MLAT 工程系统，其已在多个机场得到了应用，取得了良好的社会和经济效益。

根据《国家中长期科学和技术发展规划纲要（2006—2020 年）》，新一代民航交通管理系统突破了基于性能的航空导航、基于数据链与精确定位的航空综合监视和空管运行协同控制等关键技术，支撑我国民用航空飞行间隔高度层从 600 米降到 300 米，使我国高空空域容量增加了 85%。随后，针对繁忙飞行终端区管制间隔缩小对机场交通精确监视技术的迫切需求，国家科技支撑计划的重大项目"中国民航协同空管技术综合应用示范"中，专项列出了机场 III 级综合交通监视与引导系统子课题，研制由场面监视雷达系统和高级场面活动目标引导与控制系统（A-SMGCS）联合组成的机场综合交通监视与引导系统，并在民航典型飞行繁忙机场进行应用示范。在这些新技术中，MLAT 和 ADS-B（automatic dependent suveilliance-broadcat）是处于核心地位的新一代监视技术，国家为此制定了新技术推广应用的近期、中期和远期规划[14][15]。

MLAT 属于通过测量到达时间差来定位的系统。它在应用于机场场面目标的监视时面临着如下四个挑战：

（1）机场场面地理环境的特殊性，使得传统三维定位算法的定位效果不是很理想。

（2）机场场面的场景复杂性使得在停机坪区域的 NLOS（non-line-of-sight）效应较为严重，这严重削弱了 MLAT 系统的性能。

（3）在进行场面目标的监视时，需要知道目标的当前状态（静止/运动），而目前的 MLAT 系统未提供这样的功能。

（4）当前基于 GPS 的 MLAT 系统的同步方式存在安全隐患。

本书将针对上述问题进行分析，并提出相应的一些解决方案。

1.3　国内外研究的历史与现状

本书的研究内容是应用于机场场面监视的 MLAT 系统，所涉及的具体内容包括：

（1）基于 TDOA 的适合于场面地理环境的定位算法。

（2）NLOS 的性质及相应处理方法。

（3）目标运动状态检验技术。

（4）MLAT 系统的同步方式。

下面将分别介绍上述研究内容的国内外相关研究现状。

1.3.1 基于 TDOA 的适合于场面地理环境的定位算法

对于 MLAT 系统来说，获得来自目标发射信号的 TDOA 是定位的基础和前提。通常来说，有两种方法可以获得目标的 TDOA：

（1）利用两个接收站点所接收目标信号的广义互相关算法来估计出 TDOA[16]；

（2）利用接收站点分别估计出目标发射信号的 TOA，再将其传输至中心站计算出两两接收站点间的 TDOA[17]。

当全部接收站点的地理坐标位置已知时，任意两两接收站点间所获得的 TDOA 值与欲估计目标的位置可构成一个双曲线方程（接收站点的坐标为焦点）。在无噪声和干扰的情况下（或信噪比和信干比较高时），可使用不少于三个接收站点来计算出目标的二维坐标位置，或使用不少于四个接收站点来计算出目标的三维坐标位置[18]。

多个双曲线可构成一个非线性方程组，这在理论上不存在标准的解析算法形式[19]，再加上噪声的影响，使得实际中多个双曲线所形成的共同交汇点发生了偏离，表现为多对双曲线的多个局部交汇点，这使得现有的方法难以获得目标位置的精确解[20]。

以 TDOA 数目与目标数目相同作为前提，Fang 给出了对应的定位算法[21]，但该算法没有充分利用实际中接收站点数量冗余这一情况来提高定位精度。针对 Fang 算法的问题，Friedlander 等推出了更为通用的算法，但这些算法都达不到最优的定位精度[22][23][24]。为了获得最优解，Foy 等提出了基于 Taylor 级数的一阶展开所形成的线性关系再进行迭代运算的定位算法，但该方法易受初始值的影响[25]。Chan 于 1994 年提出了一种闭式解形式的近似算法，该方法不仅具有获得最优理论解的潜力，还具备较好的工程实用性[26]。2006 年，Chan 又提出了基于最大似然估计公式的近似迭代算法，该方法可获得最大似然估计的效果，但其运算过程较为烦琐和复杂[27]。

考虑到机场场面环境的特殊情况（地面目标高度已知，接收站点接收天线高度差较小等），应用于场面监视 MLAT 系统的定位算法应做恰当调整，以适应实际情况。图 1-3 显示了使用传统三维定位算法的桂林两江国际机场 MLAT 系统的实际目标定位情况。可以看出，在跑道和滑行道的部分区域出现了与目标运动状态不符的"野值"，其中机场场面地理环境对定位算法的影响占了较大比例。

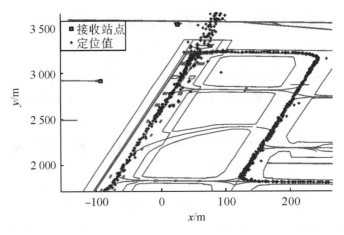

图 1-3　桂林两江国际机场 MLAT 系统的实际目标定位情况

　　截至目前，国内外对目标高度已知情况下的 MLAT 定位算法的研究主要集中在接收站点个数为 3 时对三维定位精度的影响上。陈永光等分析了目标高度对三站时差定位精度的关系[28]。杨林等人和钟丹星等人分别提出了一种带辅助高度的三站时差定位方法[29][30]。利用地球表面的已知高度作为先验，Ho 等提出了一种利用多个卫星对地面目标进行位置估计的算法，但该方法仅适用于卫星与地球几何关系的特殊情况[31]。徐自励等提出了一种利用已知气压高度来提高定位精度的方法，但他们没有对该方法的定位精度、鲁棒性等进行理论上的进一步深入分析[32]。

1.3.2　NLOS 的性质及相应处理方法

　　NLOS 是由于目标发射位置与接收站点位置之间存在障碍物而出现的非直达波信号。根据国际民航组织（ICAO）的要求，应用于场面监视的 MLAT 系统在跑道和滑行道上置信度为 95% 下的精度是 7.5 米，在置信度为 99% 下的精度是 12 米，在停机坪内以 5 秒为周期的平均精度是 20 米，在停机坪、停机位、机动区，1 秒更新率的概率不低于 0.7、0.5 和 0.95[33]。

　　研究表明，在机场场面某些部分，特别是停机坪区域，NLOS 将使得 MLAT 系统的定位精度严重下降，难以满足 ICAO 的要求。2008 年和 2009 年，日本 ENRI（Electronic Navigation Research Institute）分别在成田和关西国际机场进行了 MLAT 系统的评估测试（成田国际机场使用了 26 个接收站点，关西国际机场使用了 18 个接收站点）[34][35]。成田国际机场的 MLAT 测试结果见图 1-4 和图 1-5。

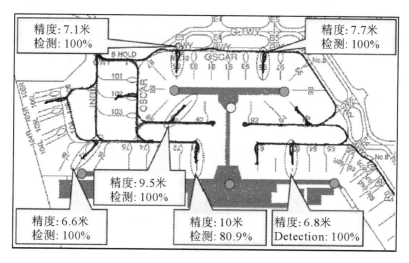

图 1-4　成田国际机场 MLAT 测试结果（跑道和滑行道区域）

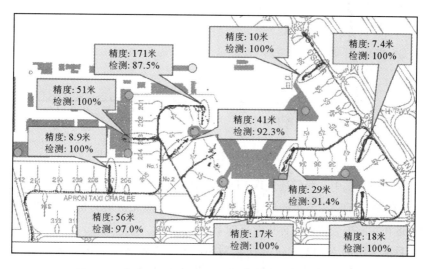

图 1-5　成田国际机场 MLAT 测试结果（停机坪区域）

　　实验结果表明，在大部分场面区域，定位精度可以满足国际民航组织的要求，但在某些地理环境较为复杂的区域（例如图 1-5 中的某些停机坪区域），误差精度分别达到了 171 米和 56 米，这远远超过了 ICAO 的要求。评估测试的分析结果表明，NLOS 是引起超标误差的主要原因。

国内外 MLAT 的测试实验均表明，在不同的场面区域，NLOS 对定位的影响各不相同，具体表现为在跑道和大部分滑行道上被发现有孤立的"野值"点，而在停机坪和部分滑行道区域存在较为严重的与几何精度因子（geometric dilution of precision，GDOP）无关的"散点区"现象。图 1-6 显示的是我们在桂林两江国际机场 MLAT 验证测试中，受到 NLOS 成分影响的定位结果。

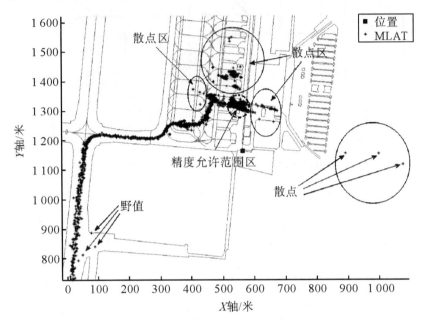

图 1-6 受到 NLOS 成分影响的 MLAT 定位结果

在实际测试中，我们还发现 NLOS 不但会降低检测概率，而且由其引起的 TDOA 的畸变有时甚至会造成定位算法的失效，即无法解算出目标的位置信息，这在实际中会造成目标更新率的下降。

目前常用的 MLAT 定位算法均对 NLOS 较为敏感[36]，因而无法在 LOS/NLOS 混合场景下进行目标的准确定位，单纯通过增加接收站点或在接收机端进行优化处理是无法彻底解决这个问题的，必须结合现有算法、NLOS 特性或者环境性质实现混合优化处理，到目前为止，消除 NLOS 影响的方法主要有以下四类：

（1）匹配域处理方法。其基本原理是：首先，对 NLOS 的传播环境进行广泛和全面的测量；其次，利用测量值建立相应的信道模型或作为学习型定位算法的训练数据；最后，使用模式匹配算法或学习型定位算法将测量数据与模型进行匹配以得到目标的位置信息。该方法的主要缺点是当周围环境发生改变或信道为时变模型时，定位误差、存储量或计算量会急剧增大[37][38][39][40]。

（2）NLOS 鉴别方法。该方法基于 LOS/NLOS 成分的先验或统计特性差异，使用假设检验或估计的方法将 NLOS 成分从测量数据中鉴别出来，然后只使用 LOS 成分进行定位解算。具体方法有利用时间历史信息的假设检验方法[41]、基于 NLOS 的概率模型方法[42]、最大似然检验方法[43]和广义似然比方法[44]等。可以证明，当 LOS 测量成分足够多时，该类方法的定位性能接近于定位估计的 CRLB（cramer-rao lower bound）[45]。

利用 NLOS 成分的测量误差方差远大于 LOS 的特性，Wylie 等人提出将测量的结果进行多项式拟合后计算出方差，然后将其与 LOS 成分进行比较鉴别[46]。残差检验法是另外一种鉴别 NLOS 的方法，其基本原理是将测量值集合分为不同的子集，先使用子集进行定位估计，再计算每一个子集的残差，最后利用该残差进行 NLOS 鉴别[47]。在这类方法中，最具有代表性的是 Chan 等人提出的基于 Chi-square（χ^2）分布的鉴别方法（用于 TOA）[48]，也有人根据类似原理提出了可用于 TDOA 的鉴别方法[49]。当站点数目较多时，该方法的排列组合形式所引起的计算量会变得较大。NLOS 鉴别方法对 NLOS 信道统计模型的依赖性较强，当模型不吻合时，易造成鉴别性能的下降。

（3）NLOS 权重法。这种方法是利用全部的 LOS 和 NLOS 成分来进行定位，但通过加权 NLOS 成分或对站点子集的定位结果来加权以减少 NLOS 误差的影响。该方法的关键在于权值的确定，最常用的权值确定方法有：目标和接收站点的几何位置决定法[50]、残差大小确定法[51]、LOS/NLOS 的方差确定法[52]等。该方法的优点是不会降低目标的更新率，缺点是始终无法避免 NLOS 带来的不利影响。

（4）LOS/NLOS 跟踪滤波方法。该方法的原理是利用多个连续时刻的测量值对 TOA 或 TDOA 进行跟踪滤波估计，再将估计出的 TOA 或 TDOA 带入定位算法进行目标的位置解算。Nsjar 等利用卡尔曼滤波器中增加 NLOS 状态变量来抑制 NLOS 误差[53]，Thomas 等提出了使用加权方法来减缓 NLOS 的不利影响[54]。上述方法的缺点是当 LOS/NLOS 具有时间不确定性时，滤波器参数难以自适应调整和确定，从而造成估计性能的下降。

基于在处理目标运动模式未确定性时的良好性能，利用 MM（multiple model）方法来抑制 NLOS 的方法逐渐引起了研究者的注意[55][56][57]。Liao 和 Chen 提出使用一个马尔科夫过程来描述 LOS 和 NLOS，并使用 IMM 方法对 TOA 进行估计，取得了较好的仿真效果[58]，但该文献也存在不足：作者只使用了速度模式来描述目标运动，不适合处理目标处于机动的情况。

受上述方法的启发，2012 年 Li 和 Jia 进一步发展了该模型，在测量值为 TOA 的情况下，将 LOS 和 NLOS 分别表示为两个测量方程，这两个方程的切换可用一个离散马尔科夫过程来描述。同时他们假设移动通信网中的目标运动形式属于拥有多个加速度模式集合的未知时变运动，可建模为一个马尔科夫切换过程。他们将上述两个统计独立的马尔科夫过程相结合来描述运动状态及测量方程之间的切换关系，并使用 IMM 和 Cubature 算法来分别解决运动状态、测量方程的估计和非线性滤波器问题。该方法较为完善地解决了运动状态、测量模型未确定性的结合问题，仿真结果表明对 TOA 中 NLOS 的抑制具有较好的效果[59]，该方法的一个缺陷是其状态方程的选取没有全面表示出实际 TOA 的变化状态。

基于同样的原理，2013 年，Li 等人又在传感器网定位中提出了一种分布式处理方法来降低计算量[60]。同年，Zhang 等将 IMM 与扩展卡尔曼滤波相结合研究了超声波定位系统中的 NLOS 抑制问题[61]。

1.3.3 目标运动状态检验技术

现有 MLAT 系统对于跑道和滑行道的监视取得了良好的效果，但对于停机坪区域的监视还存在一些问题。由于停机坪区域的复杂场景，MLAT 系统会出现以下两个问题：

（1）非视距（NLOS）引起的定位误差。这可通过一些改进的定位算法来消除，但这些算法通常会造成接收站点的减少或加大定位误差[62]。

（2）接收到目标所发射信号的接收站点的数目较少。

当定位精度为 20 米时，由于热噪声和非视距（NLOS）的影响，场面中原本应该处于静止状态的目标会在监视屏幕上出现随机跳动的情况，严重时甚至会跳到临近的停机坪区域。大型机场的停机坪区域一般都停靠了较多的飞机且这些飞机处于静止状态的时间一般要远远超出处于运动的时间。由此在实际中，监视屏幕中往往会出现几十或上百个跳动的点，这种情况会对场面管制人员的判断提出较大的挑战。

对于停机坪区域的监视来说，场面管制人员往往只对运动的飞机感兴趣。在实际中，场面管制人员会提出能否在 MLAT 系统中添加如下功能：MLAT 系统能准确判断出场面目标是处于静止还是运动状态，并进行不同的标记（例如，将静止目标标记为不动的点，并使用不同的颜色将其与运动目标相区别）。

从原理上来说，这个问题可通过噪声中的假设检验来解决，但由于 MLAT

系统的特殊性，国内外研究很少且尚无有效的解决方法。Sharp 等分析了 GDOP 对定位系统中各项性能的影响[63]。孙有铭等对噪声功率不确定情况下的检测性能进行了研究，提出了一种能量检测门限优化算法[64]。针对无源定位中定位噪声与目标几何位置有关的特性，袁刚才等提出使用估计值的先验信息来解决检测问题[65]。袁罡等提出了一种先利用定位误差特性再使用蚁群算法来进行目标静止状态检测的方法，但该方法较为复杂且计算量较大，不适合实际工程的具体实现[66]。

1.3.4 MLAT 系统的同步方式

截至目前，MLAT 系统的同步方式可归纳为如下三种：

（1）原子钟同步。

在这种同步方式中，接收站点的本地时钟是通过原子钟来实现的。原子钟利用原子跃迁谱线作为频率基准进行计时，具有较高的稳定度和精度，但其易受环境影响，必须定时校正且价格昂贵[67]，因而该方式在 MLAT 系统中很少采用。

（2）参考发射机同步。

参考发射机是已知精确位置坐标的信标机（A/C 模式或 S 模式），其定期发射 1 090 MHz 的标准校准信号。当接收站点的精确坐标已知时，可通过参考发射机所发射的信号来估计出接收站点之间 TDOA 形式的同步误差，再进行校正或补偿。

基于参考发射机的同步方式需要 MLAT 系统的所有接收站点都位于参考发射机的覆盖范围内（或视距距离内）且不能存在遮挡，因此较适合中小型机场。实际中大型机场一般不会采用参考发射机作为同步方式[68]。

（3）GPS（global positioning system）同步。

这是目前场面监视 MLAT 系统最常用的同步方式，即每一个接收站点都安装 GPS 接收机，通过 GPS 卫星的授时功能来实现接收站点之间的同步。为了消除卫星性质不一致而引入的误差，通常采用 GPS 共视模式。据测算，非共视 GPS 模式下的同步精度为 10~20 ns，GPS 共视模式下的同步精度则可达到 2~5 ns[69]。

从广义上来说，MLAT 属于一种分布式系统（虽然各个接收站点的数据是由中心处理站集中处理的）。对于分布式系统来说，时间同步是保证系统内各个单元能够相互协同工作的前提。

分布式系统通常缺乏全局时钟来为地理位置不同的单元提供统一的时间基

准，各个单元只能依靠本地时钟（通常为晶振）来获得时间。由于环境和制造工艺的差别，分布式系统中每个本地单元时钟的初始时间（相位）和快慢（频率）在实际中会出现不一致，这将直接引起单元间协同工作的失调，从而引起系统整体性能的下降甚至失效。

时间同步的目的是将分布式系统各个单元的本地时间（时钟）保持一致（在某种精度下）。例如，Internet 网的服务器之间[70]、无线通信网络的基站之间[71]、无线传感器网络的节点之间和 MLAT 系统的接收站点之间均需要同步才能实现各自的功能[72][73]。

上述各个系统的同步方式有一定的联系和相似性，然而，由于应用领域、功能实现、精度要求、限制条件、信道环境等的不一致，其所采用的同步方式会存在一些明显的区别（以下如无特别说明，本书使用单元来称呼分布式系统中需要同步的部件。在不引起歧义的情况下，按照惯例将 MLAT 系统中需要同步的部件称为接收站点）。

我们可以从以下几个层次来描述分布式系统的同步方式：

（1）根据同步的范围，有单元间同步和全局单元间同步[74]。

（2）根据同步误差量的估计原理，有基于同步误差量统计特性的估计方法和不依赖于同步误差量统计特性的估计方式；根据同步误差量是否随时间变化，有静态估计方法和动态估计方式[75]。

（3）根据分布式系统中是否存在统一的基准时间，有集中式同步方式、半集中式同步方式和分布式同步方式[76]。

（4）根据单元拓扑结构是否随时间变化，有静止同步方式和动态同步方式[77]。

（5）根据时间信息的获取方法，有双向信息交换方式、单向信息交换方式和接收站点-接收站点方式[78]。

（6）根据能量供应情况，有需要考虑能量受限的同步方式和无须考虑能量限制的同步方式[79]。

（7）根据是否需要交换时间（时钟）信息，有基于时间包的耦合同步和脉冲耦合同步[80][81]。

在以下的内容中，我们只介绍可适用于 MLAT 系统的同步方式（本书也不涉及基于 GPS 的同步技术），具体内容可分为以下三类：

（1）单元间同步方式。

（2）全局单元间同步方式。

（3）同步误差量的特性及对应的估计和跟踪算法。

1.3.4.1 单元间同步

单元间同步的具体实现形式有多种，但都可以归纳为以下三种基本类型：单向信息传播同步（one-way message dissemination synchronization）、双向信息交换同步（two-way message exchange synchronization）和接收站点-接收站点同步（receiver-receiver synchronization）。

单向信息传播类型可同时对多个单元进行同步，其基本原理是：首先，发射单元广播它的当前时间信息给邻近接收单元，邻近接收单元记录下广播信息的本地接收时间；其次，根据晶振模型（通常认为是线性模型）获得接收单元本地接收时间与发射单元当前时间的函数关系；最后，再使用线性回归方法估计出时钟的偏差和频偏。为了减少随机量的影响，可对测量值进行积累，再使用最小二乘或最大似然方法估计出本地时钟模型参数[82]。FTSP（flooding time synchronization protocol）及其改进形式采用了单向信息传播类型作为单元间的同步实现方式[83]。单向信息传播类型的优点是较为简单，易于工程实现；缺点是未考虑信息传播和接入所造成的误差，精度较差。

双向信息交换类型可对两个邻近单元进行同步。在这种同步方式中，首先，两个相邻单元相互交换信息的发射时间和接收时间，可用以消除单向信息传播方法中由于传播、接入等所引入的固定误差；其次，再将当前信息的发射时间和接收时间与本地晶振的模型进行结合，即可实现本地时钟参数的估计。当晶振模型为线性模型且测量值的统计特性未知时，可使用基于最小二乘的估计方法；当测量值的概率密度函数已知时，可使用最大似然或者加权最小二乘方法获得最优估计量[84][85]。该同步方法及其改进形式包括 TPSNs（timing-sync protocol for sensor networks）、Tiny-Sync 和 Mini-Sync[86-88] 等。当单元间的任务不均衡时，双向信息交换类型会引入难以估计的软硬件时间误差。

为了消除单元在发射和接收阶段引入的误差，人们提出了接收站点-接收站点同步类型。在这种同步方式中，某些单元发射广播信息，各个单元交换所收到广播包的接收时间，并与本地时间做比对，即可估计出单元间的时钟差。同样，该方式也可使用广播包的时间积累和多广播源积累来提高估计精度。接收站点-接收站点同步中最典型的形式是 RBS（reference broadcast synchronization）[89]。由于只涉及低层硬件结构，接收站点-接收站点同步类型的精度较高，但也存在可扩展性较差的缺点。

1.3.4.2 全局单元间同步

全局单元（multi-hop）同步是指全网络所有单元间的时钟同步，可分为两种基本形式：集中式全局单元（multi-hop）同步和分布式一致时间同步。

集中式全局单元间同步通过路由或路径结构来传递同步误差量信息，使得每一个单元能够获得该单元与其他单元或参考单元同步误差量的信息。全局单元间同步可通过构建层次结构（树或簇）的形式来实现，根单元作为参考时钟，层和层之间依靠单元间同步方式来实现同步。

典型的同步路由或路径结构有：

（1）树形结构：该结构以参考时钟作为根单元，以邻近接收到根单元消息的单元作为第一层，再以第一层为根单元，重复以上做法直到形成树结构。在同步处理时，接收到同步消息的单元先利用消息中的参考时间进行自身同步处理，接着更新同步消息中的参考时间并转发给它的子单元[90]。

（2）交叠簇型：该结构将单元称为簇的集合，每个簇包含一个簇主单元、路由单元和成员单元。簇主单元负责实现簇内的成员单元间同步，路由单元负责在各个簇主单元间传递时间参考消息[91]。

（3）混合型：该结构将树型结构和簇结构相结合，簇主单元作为树的单元。时间参考信息在树单元间传递，以完成簇间主单元间的同步；簇内的成员单元同步由簇主单元的广播来实现[92]。

与集中式全局单元同步方式中使用根单元作为全局时间基准不同，分布式一致时间同步方法是以虚拟的全网参考时间作为时间基准，单元间相互交换参考时间参数，并在整个系统内进行回馈处理和迭代调整，以便全网络单元的频率和相位都达到某种精度下的同步。分布式一致时间同步的参数估计较为复杂和困难，整个系统的同步需要较长的时间。典型形式有萤火虫同步算法[93]、协作式同步算法[94]、DCTS 算法[95]等。

1.3.4.3 同步误差量的特性及对应的估计和跟踪算法

由统计估计理论可知，参数的最优估计需要获得待估计参数或测量值的统计特性作为先验知识。实际中所测量的同步误差量都是带有噪声的，必须准确地估计出同步误差量以便进行补偿，这就需要了解同步误差量的统计特性。通常来说，同步误差量的概率密度函数（pdf）被认为有高斯分布、指数分布、Weibull 分布、Gamma 和 log-normal 分布：高斯分布用来描述两两单元间同步误差量的统计特性，其他分布则较适合描述全局单元间同步误差量的统计特性，上述分布均得到了实测数据的验证[96][97][98][99]。

当同步误差量是高斯分布时，可利用多个积累的样本实现序贯估计，此时最小方差无偏估计器（MVUE）、最佳线性无偏估计器（BLUE）、最大似然估计器（MLE）和最小二乘（LS）估计器具有相同的实现形式。当同步误差量是非高斯分布时，上述估计器的实现形式要么较为复杂，要么成为次优估计器。针对这种情况，必须对经典的估计算法进行改进。假定上行和下行的指数分布具有相同的均值，Jeske 在 2005 年提出了指数分布下修正的 MLE 方法，可达到最优估计的效果[100]。Chaudhari 等人提出了改进的 BLUE 和 MVUE 算法，它们在仿真中均取得了较好的效果（指数分布条件下）[101][102]。

为了提高鲁棒性，人们也提出了一些不需要同步误差量统计特性为先验的方法。例如，有人将单向和双向信息交换方法模型化为线性规划模型[103]，从而可利用线性规划方法计算出同步误差量。仿真结果表明：当噪声为指数分布时，该方法的估计性能等同于 ML 估计器[104]。根据重采样理论，Jeske 等提出了用 Bootstrap 偏差校正方法来进行同步，但该方法的性能与所用样本点数量有关，且计算量和复杂性均较大，不太适合工程中的实时处理[105]。总的来说，以同步误差量统计特性为先验的估计方法性能要优于其他方法。

当同步误差量随时间变化时，可将同步误差量的估计转化为状态空间模型中的状态估计问题，从而可使用贝叶斯理论来设计估计算法。由理论分析可知，当状态模型和测量模型均为线性形式且状态噪声和测量噪声为高斯白噪声时，卡尔曼滤波是实现状态估计的最佳实现方法，但经典卡尔曼滤波存在着采样间隔和递推时间间隔要求均匀、不适用于非线性的状态方程和测量方程、非高斯噪声下难以获得最优递推结构等缺陷[106][107][108]。2015 年，Giada 提出了一种基于事件的卡尔曼滤波器形式，可避免采样间隔和递推时间间隔的均匀要求，有效地降低同步估计中的计算量[109]。当状态模型或测量模型不是线性形式而状态和测量噪声为高斯噪声时，可采用扩展卡尔曼滤波来进行一阶近似估计[110]；当状态模型或测量模型不是线性形式且状态和测量噪声为非高斯噪声时，基于采样策略逼近非线性分布的方法，有人使用了 UKF（unscented kalman filter）滤波和粒子滤波来实现同步误差量的动态估计[111][112]。

当时间基准已知时，可使用锁相环来调整同步误差量，以便跟踪基准时钟和实现同步[113]，也可采用回归方法和最小二乘方法来建立随基准时间变化的同步误差量模型[114]。

与 WSN、无线通信网络相比，虽然 MLAT 也是分布式系统，但信息处理又是集中式的（TDOA 和时间同步均由中心处理站集中处理，各个接收站点只完成数据的接收和传输功能），且单元（接收站点）的位置取决于场面 GDOP（geometric dilution of precision）要求。基于此，目前应用于 WSN 及无线通信网络的研究成果不能直接应用于 MLAT 系统的同步，但可以借鉴其思想来研究和解决由 MLAT 系统独有性质而出现的一些问题。

在实际工程中，我们发现在大型机场场面区域内，基于单参考发射机的同步方式易出现一些实际问题，主要表现为某些接收机无法接收到参考发射机的信号或所接收参考发射机的信号出现失真。经分析这主要是如下原因引起的：

（1）根据民用机场的规定，参考发射机的发射功率及接收站点的天线高度会受到严格的限制。当机场场面区域较大（例如大型机场区域内），实际中往往有部分接收站点由于信号衰减和遮挡而接收不到参考发射机的发射信号。例如，2014 年我们在双流国际机场的外场调试中，由于塔台的阻挡，有 2 台接收机无法收到参考发射机的信号，被迫撤站，这造成某些区域定位精度的严重下降。

（2）场面内外分布着塔台、候机楼、雷达站、廊桥、各种辅助设备站等众多建筑物，易形成多径效应，造成接收信号的畸变，影响同步效果。例如 2016 年在重庆江北国际机场和 2018 年在上海虹桥国际机场的 MLAT 系统的安装和调试中，均出现候机楼的反射和折射所引起的处于机坪监视区域的某些接收站点所接收参考发射信号失真的情况。

在实际调试过程中，还出现过参考发射机出现故障所造成的所有接收站点之间同步失效的极端情况。

上述问题对于视可靠性和安全性为生命的民航业来说是难以接受的，迫切需要建立适应于大型机场场面接收站点间同步的新理论和新方法。

由于大型机场场面环境较为复杂且接收站点数目众多，因而不可能使用类似于 GPS 卫星那种所有接收站点都能"看见"的同步源，只能使用多个局部同步源保证局部区域内接收站点的同步，再将各个局部区域的同步信息量相结合，最终达成全局接收站点同步。

本书根据大型机场场面的实际特性，结合 MLAT 系统特点，提出了一种新的同步方式。其核心思想是使用多个参考发射机构成发射源网络，对多个接收站所构成的接收站网络实现同步。为简化分析及计算过程，本书拟将发射源网络-接收站网络的复杂相互作用关系建模为无向加权拓扑图，再基于图论中的相关理论进行同步算法的优化设计。基于此，所生成的无向拓扑图既是对所涉及同步硬件的建模结果，又是后期进行算法分析和设计的基础。

由节点和加权边形成的无向加权拓扑图中每个节点对图功能和结构所起的作用是不同的。通常来说，图中会出现一些关键节点，这些关键节点数目虽少，但能深刻影响到图的连通性、度分布、聚类系数等图的网络结构和抗毁性、传播、同步和控制等图的功能[115]。对图模型中节点所起的作用进行排序从而找出图中的关键节点组（簇），控制这些关键点组（簇）就可以用最小的代价达到整体的最佳效果。在本课题中，所获取的关键点组（簇）与所设计系统的鲁棒性直接相关。

通常来说，节点作用性排序方法可分为四类：①基于节点近邻的排序；②基于路径的排序；③基于特征向量的排序；④基于节点移除和收缩的排序。

基于节点近邻的排序认为节点的重要性与节点相邻的节点数目有关，主要准则有：与直接邻居数目有关的度中心性[116]、与多层邻居信息有关的半局部中心性和结合节点的网络位置和度数的k-壳分解法等[117][118]。

基于路径的排序是以节点间路径为研究对象，再结合所定义的各种准则，形成以各种"中心性"为度量的作用性排序方法，主要包括：离心中心性、接近中心性、Katz中心性、介数中心性、流介数中心性、连通介数中心性、随机游走介数中心性、路由介数中心性、子图中心性等[119][120][121][122]。

基于特征向量的方法不仅认为节点的作用与节点的邻居数量有关，还同时考虑了邻居作用的联合影响，包括著名的PageRank算法和LeaderRank算法、HITs算法、自动信息汇集算法和考虑节点权威性和枢纽性的SALSA算法等[123][124][125][126]。在此基础上，2019年Hui等提出了由图的Laplacian主子矩阵最小特征值作为度量节点作用性的指标，可直接获得反映图整体结构和功能的节点组（簇）[127]。

基于节点移除和收缩的排序方法的思想是通过独立地处理某节点（节点组），从而反映出该节点（节点组）对图整体结构或功能的影响。例如，移除某个节点（节点组）后，图功能是否会失效或降低，是否会造成图分成互不相连的子图或对其余节点的连通性造成影响。该排序方法的关键在于定义出反映图结构或功能变化的度量准则。具体实现方法有反映节点移除后所引起结构变化的最短距离法、节点生成树法和以残余接近中心性为度量准则的接近中心性方法以及将节点与其相邻节点收缩为新节点，利用收缩前后凝聚度的变化作为度量准则的节点收缩法等[128][129][130][131][132]。

当图为加权图时，再用所谓的度来衡量网络复杂性的量就不合适了，需要将边权重和相连节点同时考虑，从而提出针对加权图的节点重要性评估方法。其基本思想是将非加权图的准则+边权重进行综合考虑，从而获得加权图下的节点重要性评估方法。典型的有含权的度中心性、H-度中心性、含权的介数中心性和接近中心性、基于D-S证据理论的节点中心性含权的k-壳分解法、含权的LeaderRank算法等[133][134][135][136]。

1.4　研究的应用前景

随着航空运输业的快速发展，国内大型机场对场面目标精确监视的需求越来越迫切，纷纷规划了 MLAT 系统的采购计划。目前国外应用于机场场面监视的 MLAT 系统已有了成熟的产品，国内相应的 MLAT 系统也开始进入工程化阶段。国内从事 MLAT 工程系统的单位有中国电子科技集团公司第二十八研究所（简称"中电 28 所"）和中国民航局第二研究所（简称"民航二所"），其中民航二所研制的国内首套全自主知识产权的 MLAT 系统已顺利通过实际场面测试，是目前国内唯一一家拿到了由中国民航局颁发的使用许可证的单位，在多个机场的实际测试中达到和超过了 ICAO 的规范要求。

本书是针对 MLAT 系统在设计、调试和使用中出现的一些问题而进行的一些研究。在研究中，有一些内容与实际需求紧密结合，并已在实际 MLAT 系统中验证了研究结果，得到了实际应用；还有一部分内容涉及与 MLAT 有关的新的技术，对此本书提出了一些想法，在理论上进行了推导并进行了计算机模拟仿真，希望能用在下一代 MLAT 系统中。

同时，针对民航所用 ADS-B（automatic dependent surveillance broadcast）系统实际应用中出现的几个问题和我们所提出的解决方法，也是本书的研究内容，这也是考虑到实际中 ADSB 系统不但可作为 MLAT 系统定位的信号来源，还可提供飞行器的相关信息。

1.5　研究的主要内容

本书的主要研究内容包括：

（1）研究了适用于场面监视 MLAT 系统的定位算法，提出了一种本书中称之为改进的时差定位算法。与现有三维定位算法相比，该算法不但可以提高定位精度，还可有效地改善系统鲁棒性。该算法已应用于现有 MLAT 工程系统中。

（2）基于 TDOA 的 NLOS 消除技术，提出了一种根据现有直角坐标系的运动模型而推导出的基于 TDOA 的运动模型，并设计了对应的跟踪滤波算法。

（3）研究了基于 MLAT 系统的目标状态检验方法，提出了一种可消除

GDOP 影响的静止/运动目标检验算法。

（4）研究了 MLAT 系统的同步技术，并提出了一种基于多参考发射机的同步方法。该方法可用于下一代 MLAT 系统的同步。

（5）研究了几个与 MLAT 有关的具体问题及其解决方法。

（6）总结了 MLAT 系统中目前急需解决的一些问题和解决思路。

（7）给出了一些涉及民用航空中无源定位系统的理论证明、发明以及与上述内容匹配的 Matlab 代码（见附录六）。

2 一种适用于机场场面 MLAT 监视系统的定位算法

基于机场场面目标及 MLAT 系统的特点，本章提出了一种改进的时差定位算法（基于 Chan 算法），该算法特别适合用于机场场面监视的 MLAT 系统。

2.1 机场场面的特点

场面监视是指对机场场面范围内的飞机及服务车辆进行检测、定位、关联及跟踪。通常，机场场面是指一个机场的完整覆盖区域，包括跑道、滑行道、停机坪等区域，其特点是地势平坦、开阔且无高大障碍物。当设计应用于机场场面监视的 MLAT 系统时，应考虑如下几个因素：

（1）场面监视区域内的高度值（直角坐标系中的 z 坐标）是固定不变的已知量，这个高度值也是场面飞机及服务车辆的实际高度（除了在起飞和降落的极少数时间内）。因此对于实际的机场场面监视来说，只需要确定目标的 x、y 值即可。基于此，ICAO 对场面监视 MLAT 系统的规范中只给出了 x、y 轴的定位精度要求（置信度95%时7.5米），而没有对 z 轴（目标定位高度）的精度做出要求。

（2）根据机场建设规范，MLAT 系统的接收站点的天线高度将会受到严格限制，这导致了实际中各个接收站点之间的天线高度差较小，具体表现为各个站点的 z 坐标值（高度）变化不大[137]。

（3）为保证定位精度及消除监视盲区，需要较多数目的接收站点（一般中型机场需要十几个站，大型机场则有几十个站）。

上述因素会使得应用于民用机场场面监视的 MLAT 系统和传统基于 TDOA 定位的军用侦察与监视系统之间存在明显的不同。

MLAT 系统的关键技术之一是定位算法。在实际 MLAT 工程系统中，由于接收站点及目标的位置坐标都是三维的，一般使用三维定位算法来确定目标位置，其定位精度与接收机热噪声、接收站点布局、目标及接收站点之间的几何位置关系等因素有关[138]。

结合机场场面目标及 TDOA 定位算法的特点，本书提出了一种适用于机场场面监视的 MLAT 系统的定位算法（本书中称之为改进的时差定位算法）。与现有三维定位算法相比，该算法不但可以提高定位精度，还可改善系统鲁棒性。本章的主要创新点有：

（1）推导出了所提出的定位算法的 CRLB（cramer-rao low bound）矩阵。

（2）对所提出的定位算法与三维定位算法的精度关系进行了推导，获得了它们之间的解析形式，并进一步在理论上证明了该定位算法的定位精度优于三维定位算法。

（3）通过两种算法下 CRLB 矩阵的条件数特性分析，证明了所提出的定位算法的鲁棒性强于三维定位算法。

以上结论均经过了仿真和实测数据的验证。

本章余下内容安排如下：第 2.2 节阐述了本书所提出的时差定位算法的思想并推导出对应的 CRLB 矩阵；第 2.3 节涉及了该算法与三维定位算法精度之间的理论推导及该算法定位精度优于三维定位算法的证明过程；第 2.4 节是该算法的鲁棒性强于三维定位算法的分析及证明过程；仿真实验和实测数据的验证放在了第 2.5 节，第 2.6 节是本章小结。

2.2 改进的时差定位算法的思想及对应 CRLB 矩阵的推导

2.2.1 改进的时差定位算法的思想

本节内容包括本书所提出的定位算法的实现过程及其与三维定位算法之间的比较，以工程上广泛使用的 Chan 算法作为具体实现形式。

设场面目标位置坐标为 (x_t, y_t, z_0)，其中 z_0 为已知场面高度，接收站点数目为 M，其坐标分别表示为 (x_i, y_i, z_i)，$i = 1, 2, \cdots, M$，则目标到第 i 个接收站点的距离 r_i 存在以下关系：

$$r_i^2 = (x_t - x_i)^2 + (y_t - y_i)^2 + (z_0 - z_i)^2 \quad i = 1, 2, \cdots, M \quad (2-1)$$

设 $K_i = x_i^2 + y_i^2 + (z_0 - z_i)^2$，则式（2-1）可变为

$$r_i^2 = K_i - 2x_i x_t - 2y_i y_t + x_t^2 + y_t^2 \quad (2-2)$$

以第 1 个接收站点为时间参考站，则第 i 个接收站点与第 1 个接收站点之间的距离差为 $r_{i1} = ct_{i1}$，这里 c、t_{i1} 分别是电磁波速度和第 i 个接收站点与第 1 个接收站点之间的 TDOA。考虑到 $r_i^2 = (r_{i1} + r_1)^2$，则结合式（2-2）可推导出：

$$r_{i1}^2 + 2r_{i1}r_1 + r_1^2 = K_i - 2x_ix_t - 2y_iy_t + x_t^2 + y_t^2 \tag{2-3}$$

式（2-3）可进一步简化为

$$r_{i1}^2 - K_i + K_1 = -2r_{i1}r_1 - 2(x_i - x_1)x_t - 2(y_i - y_1)y_t \tag{2-4}$$

根据式（2-4）将 M 个站点组合成 $(M-1)$ 个方程，可得到近似线性表达式：

$$\boldsymbol{G}_{a\_2}\boldsymbol{z}_{a\_2} = \boldsymbol{h}_{a\_2} \tag{2-5}$$

其中 $\boldsymbol{G}_{a\_2} = -\begin{bmatrix} (x_2 - x_1), & (y_2 - y_1), & r_{21} \\ (x_3 - x_1), & (y_3 - y_1), & r_{31} \\ & \cdots & \\ (x_M - x_1), & (y_M - y_1), & r_{M1} \end{bmatrix}$，$\boldsymbol{z}_{a\_2} = \begin{bmatrix} x_t \\ y_t \\ r_1 \end{bmatrix}$，$\boldsymbol{h}_{a\_2} =$

$\dfrac{1}{2}\begin{bmatrix} r_{21}^2 - K_2 + K_1 \\ r_{31}^2 - K_3 + K_1 \\ \vdots \\ r_{M1}^2 - K_M + K_1 \end{bmatrix}$。

注意三维定位算法中式（2-5）所对应的公式为

$$\boldsymbol{G}_{a\_3}\boldsymbol{z}_{a\_3} = \boldsymbol{h}_{a\_3} \tag{2-6}$$

其中（注意与前述 z_{a_2} 相比，这里的 z_{a_3} 需将已知量 z_0 变成未知量 z_t），

$\boldsymbol{G}_{a\_3} = -\begin{bmatrix} (x_2 - x_1), & (y_2 - y_1), & (z_2 - z_1), & r_{21} \\ (x_3 - x_1), & (y_3 - y_1), & (z_3 - z_1), & r_{31} \\ & & \cdots & \\ (x_M - x_1), & (y_M - y_1), & (z_M - z_1), & r_{M1} \end{bmatrix}$，$\boldsymbol{z}_{a\_3} = \begin{bmatrix} x_t \\ y_t \\ z_t \\ r_1 \end{bmatrix}$，

$\boldsymbol{h}_{a\_3} = \dfrac{1}{2}\begin{bmatrix} r_{21}^2 - K_2' + K_1' \\ r_{31}^2 - K_3' + K_1' \\ \vdots \\ r_{M1}^2 - K_M' + K_1' \end{bmatrix}$，这里的 $K_1' = x_1^2 + y_1^2 + z_1^2$。

这里注意式（2-6）中的矩阵表达式是大多数基于 TDOA 定位算法的基础，本节以工程中常用 Chan 算法为例进行下一步的推导。

设式（2-5）解出的结果记为 z'_{a_2}，则根据 Chan 算法，可推导出第二步的线性表达式：

$$\boldsymbol{h}'_{a\_2} = \boldsymbol{G}'_{a\_2}\boldsymbol{z}'_{a\_2} \tag{2-7}$$

其中 $\boldsymbol{h}'_{a\_2} = \begin{bmatrix} \{z_{a\_2}(1) - x_1\}^2 \\ \{z_{a\_2}(2) - y_1\}^2 \\ \{z_{a\_2}(3)\}^2 - (z_0 - z_1)^2 \end{bmatrix}$，$\boldsymbol{z}_{a\_2}(i)$ 表示取矢量 $\boldsymbol{z}_{a\_2}$ 中的第 i

个元素，$\boldsymbol{z}'_{a\_2} = \begin{bmatrix} \{x_t - x_1\}^2 \\ \{y_t - y_1\}^2 \end{bmatrix}$，$\boldsymbol{G}'_{a\_2} = \begin{bmatrix} 1 & 0 \\ 0 & 1 \\ 1 & 1 \end{bmatrix}$。这里可比较同一步骤下三维定

位 Chan 算法的表达式：

$$\boldsymbol{h}'_{a\_3} = \boldsymbol{G}'_{a\_3}\boldsymbol{z}'_{a\_3} \tag{2-8}$$

其中 $\boldsymbol{h}'_{a\_3} = \begin{bmatrix} \{z_{a\_3}(1) - x_1\}^2 \\ \{z_{a\_3}(2) - y_1\}^2 \\ \{z_{a\_3}(3) - z_1\}^2 \\ \{z_{a\_3}(4)\}^2 \end{bmatrix}$，$\boldsymbol{z}'_{a\_3} = \begin{bmatrix} \{x_t - x_1\}^2 \\ \{y_t - y_1\}^2 \\ \{z_t - z_1\}^2 \end{bmatrix}$，$\boldsymbol{G}'_{a\_3} = \begin{bmatrix} 1 & 0 & 0 \\ 0 & 1 & 0 \\ 0 & 0 & 1 \\ 1 & 1 & 1 \end{bmatrix}$。

从这里开始，本书所提出的定位算法的后续处理步骤与三维定位算法完全一致，具体可参见相关文献[21]。

由上述推导中可看出，式（2-5）与式（2-6）、式（2-7）与式（2-8）的形式是一样的，所包含的物理意义也是一致的，差别在于维数及某些量的取值不同。从本质来说，这并没有影响变量之间的数学和物理关系，因而也不会影响算法的步骤。基于此，本书所提出的定位算法只需对现有的基于 TDOA 的三维定位算法做简单修改即可直接使用。

2.2.2 CRLB 矩阵的推导

CRLB 是无偏估计器所获得估计量协方差的理论下界。推导 MLAT 系统估计量的 CRLB，对于评估估计量的精度具有指导意义。设站点数为 M，TDOA 测量噪声为零均值高斯分布，不失一般性，以编号为 1 的站点作为参考站点，则 $r = [r_{21},\ r_{31},\ \cdots,\ r_{M1}]^T$ 是 TDOA 测量值所对应的距离差矢量，$Q = E\{[r - E\{r\}][r - E\{r\}]^T\}$。目标位置被表示为 $\boldsymbol{z}_{p2} = [x_t,\ y_t,\ z_0]^T$（其中 z_0 是已知量），$d_{i1}(i = 2,\ \cdots,\ M)$ 表示真实距离差（无噪声情况），$\boldsymbol{d} = [d_{21},\ d_{31},\ \cdots,\ d_{M1}]^T$，则对应的似然函数为

$$f(\boldsymbol{r} \mid \boldsymbol{z}_{p2}) = \frac{1}{(2\pi)^{(M-1)/2} \mid \boldsymbol{Q} \mid^{1/2}} \exp\left\{-\frac{1}{2}(\boldsymbol{r}-\boldsymbol{d})^T \boldsymbol{Q}^{-1}(\boldsymbol{r}-\boldsymbol{d})\right\} \quad (2\text{-}9)$$

其中 $|\cdot|$ 表示行列式。

根据 CRLB 的定义：$\boldsymbol{\varPhi}_2^0 = \left(E\left\{\left[\frac{\partial}{\partial \boldsymbol{z}_{p2}}\ln[f(\boldsymbol{r}\mid \boldsymbol{z}_{p2})]\right]\left[\frac{\partial}{\partial \boldsymbol{z}_{p2}}\ln[f(\boldsymbol{r}\mid \boldsymbol{z}_{p2})]^T\right]\right\}\right)^{-1}$，

再由于

$$\frac{\partial}{\partial \boldsymbol{z}_{p2}}\ln[f(\boldsymbol{r}\mid \boldsymbol{z}_{p2})] = \frac{\partial}{\partial \boldsymbol{z}_{p2}}\left[-\frac{1}{2}(\boldsymbol{r}-\boldsymbol{d})^T \boldsymbol{Q}^{-1}(\boldsymbol{r}-\boldsymbol{d})\right] = -\frac{\partial \boldsymbol{d}^T}{\partial \boldsymbol{z}_{p2}}\boldsymbol{Q}^{-1}(\boldsymbol{r}-\boldsymbol{d})$$

$$(2\text{-}10)$$

可得到改进时差定位算法对应的 CRLB 矩阵为

$$\boldsymbol{\varPhi}_2^0 = (\boldsymbol{G}_{t2}^T \boldsymbol{Q}^{-1} \boldsymbol{G}_{t2})^{-1} \quad (2\text{-}11)$$

根据矢量微分公式[139]，式（2-11）中 $\boldsymbol{G}_{t2}$ 的表达式为

$$\boldsymbol{G}_{t2} = \begin{bmatrix} \dfrac{(x_t-x_2)}{r_2} - \dfrac{(x_t-x_1)}{r_1}, & \dfrac{(y_t-y_2)}{r_2} - \dfrac{(y_t-y_1)}{r_1} \\[3mm] \dfrac{(x_t-x_3)}{r_3} - \dfrac{(x_t-x_1)}{r_1}, & \dfrac{(y_t-y_3)}{r_3} - \dfrac{(y_t-y_1)}{r_1} \\[2mm] \cdots \\[2mm] \dfrac{(x_t-x_M)}{r_M} - \dfrac{(x_t-x_1)}{r_1}, & \dfrac{(y_t-y_M)}{r_M} - \dfrac{(y_t-y_1)}{r_1} \end{bmatrix} \quad (2\text{-}12)$$

其中 r_i，$i=1,2,\cdots,M$ 的定义见式（2-1）。

这里我们可以将改进时差定位算法的 CRLB 矩阵与经典的三维定位算法的 CRLB 做一个对比，如下式所示，其中 $\boldsymbol{G}_{t3}$ 是三维定位算法的 CRLB。

$$\boldsymbol{G}_{t3} = \begin{bmatrix} \dfrac{(x_t-x_2)}{r_2} - \dfrac{(x_t-x_1)}{r_1}, & \dfrac{(y_t-y_2)}{r_2} - \dfrac{(y_t-y_1)}{r_1}, & \dfrac{(z_t-z_2)}{r_2} - \dfrac{(z_t-z_1)}{r_1} \\[3mm] \dfrac{(x_t-x_3)}{r_3} - \dfrac{(x_t-x_1)}{r_1}, & \dfrac{(y_t-y_3)}{r_3} - \dfrac{(y_t-y_1)}{r_1}, & \dfrac{(z_t-z_3)}{r_3} - \dfrac{(z_t-z_3)}{r_1} \\[2mm] \cdots \\[2mm] \dfrac{(x_t-x_M)}{r_M} - \dfrac{(x_t-x_1)}{r_1}, & \dfrac{(y_t-y_M)}{r_M} - \dfrac{(y_t-y_1)}{r_1}, & \dfrac{(z_t-z_M)}{r_M} - \dfrac{(z_t-z_1)}{r_1} \end{bmatrix}$$

可见，与改进时差定位算法的 CRLB 相比（$M-1$ 行，2 列），三维定位算法的 CRLB 多了一列：

$$\boldsymbol{g}_z = \left[\frac{(z_t-z_2)}{r_2} - \frac{(z_t-z_1)}{r_1}, \frac{(z_t-z_3)}{r_3} - \frac{(z_t-z_1)}{r_1}, \cdots, \frac{(z_t-z_M)}{r_M} - \frac{(z_t-z_1)}{r_1}\right]^T,$$

这一列引起改进时差定位算法与三维定位算法性能上的差异（精度和鲁棒性）。

由上述分析可知，时差定位算法的性能与下面几个因素有关：

（1）目标所在的真实位置：(x_t, y_t, z_0)（改进时差定位算法）和 (x_t, y_t, z_t)（三维定位算法）。

（2）接收站点的位置：(x_i, y_i, z_i)，$i = 1 \sim M$。

（3）各个接收机的噪声水平（可使用 $\boldsymbol{Q}$ 表示）。

2.3 改进的时差定位算法与三维定位算法精度关系的理论推导

本节，笔者利用推导出的改进的时差定位算法和三维定位算法的 CRLB 矩阵之间的关系，分别推导出两种算法在 x、y 轴上的精度关系，并进一步在理论上证明本书所提出的改进的算法的定位精度优于三维定位算法。

当使用三维定位算法时，即 $\boldsymbol{z}_{p3} = [x_t, y_t, z_t]^T$ 时，对应的 CRLB 矩阵为[140]：

$$\boldsymbol{\Phi}_3^0 = (\boldsymbol{G}_{t3}^T \boldsymbol{Q}^{-1} \boldsymbol{G}_{t3})^{-1} \tag{2-13}$$

其中

$$\boldsymbol{G}_{t3} = \begin{bmatrix} \dfrac{(x_t - x_2)}{r_2} - \dfrac{(x_t - x_1)}{r_1}, & \dfrac{(y_t - y_2)}{r_2} - \dfrac{(y_t - y_1)}{r_1}, & \dfrac{(z_t - z_2)}{r_2} - \dfrac{(z_t - z_1)}{r_1} \\ \dfrac{(x_t - x_3)}{r_3} - \dfrac{(x_t - x_1)}{r_1}, & \dfrac{(y_t - y_3)}{r_3} - \dfrac{(y_t - y_1)}{r_1}, & \dfrac{(z_t - z_3)}{r_3} - \dfrac{(z_t - z_1)}{r_1} \\ & \cdots & \\ \dfrac{(x_t - x_M)}{r_M} - \dfrac{(x_t - x_1)}{r_1}, & \dfrac{(y_t - y_M)}{r_M} - \dfrac{(y_t - y_1)}{r_1}, & \dfrac{(z_t - z_M)}{r_M} - \dfrac{(z_t - z_1)}{r_1} \end{bmatrix}$$

$$\tag{2-14}$$

结合式（2-12）和式（2-14），可看出 $\boldsymbol{G}_{t2}$ 与 $\boldsymbol{G}_{t3}$ 之间存在如下关系：$\boldsymbol{G}_{t3} =$

$$[\boldsymbol{G}_{t2} \quad \boldsymbol{g}_z] ，其中 \boldsymbol{g}_z = \begin{bmatrix} \dfrac{(z_t - z_2)}{r_2} - \dfrac{(z_t - z_1)}{r_1} \\[2mm] \dfrac{(z_t - z_3)}{r_3} - \dfrac{(z_t - z_1)}{r_1} \\[2mm] \vdots \\[2mm] \dfrac{(z_t - z_M)}{r_M} - \dfrac{(z_t - z_1)}{r_1} \end{bmatrix} 。$$

我们注意到式（2-11）和式（2-13）中的 $\boldsymbol{Q}$ 是相同的，则式（2-13）可变换为

$$\boldsymbol{\Phi}_3^0 = \left(\begin{bmatrix} \boldsymbol{G}_{t2}^T \\ \boldsymbol{g}_z^T \end{bmatrix} \boldsymbol{Q}^{-1} [\boldsymbol{G}_{t2} \quad \boldsymbol{g}_z] \right)^{-1} = \begin{pmatrix} \boldsymbol{G}_{t2}^T \boldsymbol{Q}^{-1} \boldsymbol{G}_{t2} & \boldsymbol{G}_{t2}^T \boldsymbol{Q}^{-1} \boldsymbol{g}_z \\ \boldsymbol{g}_z^T \boldsymbol{Q}^{-1} \boldsymbol{G}_{t2} & \boldsymbol{g}_z^T \boldsymbol{Q}^{-1} \boldsymbol{g}_z \end{pmatrix}^{-1} \quad (2\text{-}15)$$

由分块矩阵的求逆公式[141]，有

$$\boldsymbol{\Phi}_3^0 = \begin{bmatrix} \boldsymbol{\Theta}_{11}, & \boldsymbol{\Theta}_{12} \\ \boldsymbol{\Theta}_{21}, & \boldsymbol{\Theta}_{22} \end{bmatrix} \quad (2\text{-}16)$$

其中 $\boldsymbol{\Theta}_{11} = (\boldsymbol{G}_{t2}^T \boldsymbol{Q}^{-1} \boldsymbol{G}_{t2})^{-1} + (\boldsymbol{G}_{t2}^T \boldsymbol{Q}^{-1} \boldsymbol{G}_{t2})^{-1} \boldsymbol{G}_{t2}^T \boldsymbol{Q}^{-1} \boldsymbol{g}_z \boldsymbol{g}_z^T \boldsymbol{Q}^{-1} \boldsymbol{G}_{t2}$ $(\boldsymbol{G}_{t2}^T \boldsymbol{Q}^{-1} \boldsymbol{G}_{t2})^{-1} s^{-1}$，$\boldsymbol{\Theta}_{12} = -(\boldsymbol{G}_{t2}^T \boldsymbol{Q}^{-1} \boldsymbol{G}_{t2})^{-1} \boldsymbol{G}_{t2}^T \boldsymbol{Q}^{-1} \boldsymbol{g}_z s^{-1}$，$\boldsymbol{\Theta}_{21} = -s^{-1} \boldsymbol{g}_z^T \boldsymbol{Q}^{-1} \boldsymbol{G}_{t2}$ $(\boldsymbol{G}_{t2}^T \boldsymbol{Q}^{-1} \boldsymbol{G}_{t2})^{-1}$，$\boldsymbol{\Theta}_{22} = s^{-1}$。注意这里出现的 s 是标量：$s = \boldsymbol{g}_z^T \boldsymbol{Q}^{-1} \boldsymbol{g}_z - \boldsymbol{g}_z^T \boldsymbol{Q}^{-1} \boldsymbol{G}_{t2}$ $(\boldsymbol{G}_{t2}^T \boldsymbol{Q}^{-1} \boldsymbol{G}_{t2})^{-1} \boldsymbol{G}_{t2}^T \boldsymbol{Q}^{-1} \boldsymbol{g}_z$。

为了方便推导，我们这里将 $\boldsymbol{\Phi}_2^0$ 和 $\boldsymbol{\Phi}_3^0$ 分别表示为误差协方差矩阵的形式，

即 $\boldsymbol{\Phi}_2^0 = \begin{bmatrix} \sigma_{xx\text{-}2}^2, & \sigma_{xy\text{-}2} \\ \sigma_{yx\text{-}2}, & \sigma_{yy\text{-}2}^2 \end{bmatrix}$，$\boldsymbol{\Phi}_3^0 = \begin{bmatrix} \sigma_{xx\text{-}3}^2, & \sigma_{xy\text{-}3}, & \sigma_{xz\text{-}3} \\ \sigma_{yx\text{-}3}, & \sigma_{yy\text{-}3}^2, & \sigma_{yz\text{-}3} \\ \sigma_{zx\text{-}3}, & \sigma_{zy\text{-}3}, & \sigma_{zz\text{-}3}^2 \end{bmatrix}$。根据它们之间的关系，则

有 $\sigma_{zz\text{-}3}^2 = \boldsymbol{\Theta}_{22} = s^{-1}$，$\boldsymbol{\Theta}_{11} = \begin{bmatrix} \sigma_{xx\text{-}3}^2, & \sigma_{xy\text{-}3} \\ \sigma_{yx\text{-}3}, & \sigma_{yy\text{-}3}^2 \end{bmatrix}$，再结合 $\boldsymbol{\Phi}_2^0 = (\boldsymbol{G}_{t2}^T \boldsymbol{Q}^{-1} \boldsymbol{G}_{t2})^{-1}$ 和式（2-16），则存在如下关系：

$$\begin{bmatrix} \sigma_{xx\text{-}3}^2, \sigma_{xy\text{-}3} \\ \sigma_{yx\text{-}3}, \sigma_{yy\text{-}3}^2 \end{bmatrix} = \begin{bmatrix} \sigma_{xx\text{-}2}^2, \sigma_{xy\text{-}2} \\ \sigma_{yx\text{-}2}, \sigma_{yy\text{-}2}^2 \end{bmatrix} + (\boldsymbol{G}_{t2}^T \boldsymbol{Q}^{-1} \boldsymbol{G}_{t2})^{-1} \boldsymbol{G}_{t2}^T \boldsymbol{Q}^{-1} \boldsymbol{g}_z \boldsymbol{g}_z^T \boldsymbol{Q}^{-1} \boldsymbol{G}_{t2} (\boldsymbol{G}_{t2}^T \boldsymbol{Q}^{-1} \boldsymbol{G}_{t2})^{-1} s^{-1}$$

$$(2\text{-}17)$$

设 $\boldsymbol{P} = (\boldsymbol{G}_{t2}^T \boldsymbol{Q}^{-1} \boldsymbol{G}_{t2})^{-1} \boldsymbol{G}_{t2}^T \boldsymbol{Q}^{-1} \boldsymbol{g}_z$，由于其中的 $(\boldsymbol{G}_{t2}^T \boldsymbol{Q}^{-1} \boldsymbol{G}_{t2})^{-1}$ 为 2×2 的矩阵，$\boldsymbol{G}_{t2}^T$ 的维数是 $2 \times (M-1)$，$\boldsymbol{g}_z$ 为 $(M-1) \times 1$ 矢量，则 $\boldsymbol{P}$ 是 2×1 的矢量，此时式（2-17）可简化为

$$\begin{bmatrix} \sigma^2_{xx-3}, & \sigma_{xy-3} \\ \sigma_{yx-3}, & \sigma^2_{yy-3} \end{bmatrix} = \begin{bmatrix} \sigma^2_{xx-2}, & \sigma_{xy-2} \\ \sigma_{yx-2}, & \sigma^2_{yy-2} \end{bmatrix} + \boldsymbol{P}\boldsymbol{P}^T/s \qquad (2\text{-}18)$$

又设 $\boldsymbol{P} = [p_1, \ p_2]^T$，有 $\dfrac{\boldsymbol{P}\boldsymbol{P}^T}{s} = \begin{bmatrix} p_1 \\ p_2 \end{bmatrix} [p_1, \ p_2]/s = \begin{bmatrix} \binom{p}{1}2, & p_1 p_2 \\ p_2 p_1, & \binom{p}{2}2 \end{bmatrix}/s$，则由

此可分别得到在 x、y 轴方向上三维定位算法与本章所提出的定位算法的定位误差的方差之间的关系：

$$\begin{cases} \sigma^2_{xx-3} = \sigma^2_{xx-2} + \binom{p}{1}2/s \\ \sigma^2_{yy-3} = \sigma^2_{yy-2} + \binom{p}{2}2/s \end{cases} \qquad (2\text{-}19)$$

显然当 $s > 0$ 时，就可以证明 $\sigma^2_{xx-3} \geqslant \sigma^2_{xx-2}$ 和 $\sigma^2_{yy-3} \geqslant \sigma^2_{yy-2}$。由式 (2-16)、$\boldsymbol{\Phi}^0_2$ 和 $\boldsymbol{\Phi}^0_3$ 的物理含义，可知 $\boldsymbol{\Theta}_{22} = s^{-1} = \sigma^2_{zz-3} > 0$，显然，从这里可直接得到 $s > 0$。

由以上证明过程可知，本书所提出改进的时差定位算法的误差方差（x 轴：σ^2_{xx-2}，y 轴：σ^2_{yy-2}）只和目标与站点间的 x、y 轴的相对位置有关，而三维定位算法的误差方差（x 轴：σ^2_{xx-3}，y 轴：σ^2_{yy-3}）和目标与站点间的 x、y 和 z 轴（表现为 $\boldsymbol{g}_z$ 项）的相对位置皆有关，而 $\boldsymbol{g}_z$ 会造成三维定位算法的误差方差大于本书所提出的算法，其差值为 $(p_1)^2/s$（x 轴）或 $(p_2)^2/s$（y 轴）。

考虑到 p_1、p_2、s 与目标位置和站点坐标的相对位置有关，我们可以得到如下结论：本书所提出的改进的时差定位算法的定位精度优于三维定位算法，其优越程度取决于目标与站点之间的相对坐标位置关系。

2.4 鲁棒性的证明

考虑到大部分基于 TDOA 的算法中，$\boldsymbol{\Phi}^0_2$ 或 $\boldsymbol{\Phi}^0_3$（或变形的形式）都参与了定位中的线性运算[142]，因此我们认为它们的条件数将会反映出摄动对定位结果的敏感程度。本节通过比较 $\boldsymbol{\Phi}^0_2$ 和 $\boldsymbol{\Phi}^0_3$ 的条件数大小来证明本书所提出的改进的时差定位算法的鲁棒性强于三维定位算法。

设 $\boldsymbol{g}_x =$

$$\left[\frac{(x_t - x_2)}{r_2} - \frac{(x_t - x_1)}{r_1}, \ \frac{(x_t - x_3)}{r_3} - \frac{(x_t - x_1)}{r_1}, \ \cdots, \ \frac{(x_t - x_M)}{r_M} - \frac{(x_t - x_1)}{r_1} \right]^T,$$

$$\boldsymbol{g}_y = \left[\frac{(y_t - y_2)}{r_2} - \frac{(y_t - y_1)}{r_1}, \ \frac{(y_t - y_3)}{r_3} - \frac{(y_t - y_1)}{r_1}, \ \cdots, \ \frac{(y_t - y_M)}{r_M} - \right.$$

$\dfrac{(y_t - y_1)}{r_1}]^T$, $\boldsymbol{g}_z = \big[\dfrac{(z_t - z_2)}{r_2} - \dfrac{(z_t - z_1)}{r_1}, \ \dfrac{(z_t - z_3)}{r_3} - \dfrac{(z_t - z_1)}{r_1}, \ \cdots, \ \dfrac{(z_t - z_M)}{r_M}$

$- \dfrac{(z_t - z_1)}{r_1}]^T$, 则有 $\boldsymbol{G}_{t2} = [\boldsymbol{g}_x, \ \boldsymbol{g}_y]$, $\boldsymbol{G}_{t3} = [\boldsymbol{g}_x, \ \boldsymbol{g}_y, \ \boldsymbol{g}_z]$ 。

通过 MLAT 站点布局的优化，实际工程中基本上可以做到在 x、y 轴方向上"覆盖"或"环绕"整个场面区域，但在高度（z 轴）上各个站点的高度差则很小（从几米到几十米）。机场场面的水平面积一般较大，这就使得场面区域内目标通常满足以下情况：$\| \boldsymbol{g}_x \| \gg \| \boldsymbol{g}_z \|$ 和 $\| \boldsymbol{g}_y \| \gg \| \boldsymbol{g}_z \|$（ $\| \cdot \|$ 表示范数），这表现在当对 $\boldsymbol{G}_{t3}$ 做奇异值分解时，三个奇异值由两个大的奇异值和一个较小的奇异值构成，即 $\boldsymbol{G}_{t3} = \boldsymbol{V}_3 \boldsymbol{\Sigma}_3 \boldsymbol{U}_3$ ，这里 $\boldsymbol{V}_3$、$\boldsymbol{U}_3$ 分别为 $(M-1) \times (M-1)$ 和 3×3 的酉阵，$\boldsymbol{\Sigma}_3$ 为 $(M-1) \times 3$ 的矩阵且 $\boldsymbol{\Sigma}_3 = \mathrm{diag}[\lambda_{3\_1}, \lambda_{3\_2}, \lambda_{3\_3}]$ ，其中有 $\lambda_{3\_1} \gg \lambda_{3\_3}$ ，$\lambda_{3\_2} \gg \lambda_{3\_3}$ 。

当各个接收站点热噪声的统计特性一致时，可认为 $\boldsymbol{Q} =$

$$\begin{bmatrix} 2, & 1, & 1, & \cdots, & 1 \\ 1, & 2, & 1, & \cdots, & 1 \\ & & \cdots & & \\ 1, & 1, & 1, & \cdots, & 2 \end{bmatrix} c^2 \sigma_{TOA}^2 = \boldsymbol{Q}_0 c^2 \sigma_{TOA}^2$$ ，其中 σ_{TOA}^2 为所测量 TOA 的热噪声方差，

$$\boldsymbol{Q}_0 = \begin{bmatrix} 2, & 1, & 1, & \cdots, & 1 \\ 1, & 2, & 1, & \cdots, & 1 \\ & & \cdots & & \\ 1, & 1, & 1, & \cdots, & 2 \end{bmatrix}$$ 。

我们可将 $\boldsymbol{Q}_0$ 表示为 $\boldsymbol{Q}_0 = \boldsymbol{I} + 11^T$ 。这里 $\boldsymbol{I}$ 为单位阵，$1 = \begin{bmatrix} 1 \\ 1 \\ \vdots \\ 1 \end{bmatrix}$ ，则根据矩

阵之和的求逆公式[143]，有

$$\boldsymbol{Q}_0^{-1} = \boldsymbol{I} - \frac{11^T}{1 + 1^T 1} = \boldsymbol{I} - \frac{11^T}{M} \tag{2-20}$$

考虑到 M 较大（场面监视所用站点数目较多），即有 $\dfrac{11^T}{M} \approx 0$ ，则 $\boldsymbol{Q}_0^{-1} \approx \boldsymbol{I}$ 。此时 $\boldsymbol{\Phi}_3^0 = (\boldsymbol{G}_{t3}^T \boldsymbol{Q}^{-1} \boldsymbol{G}_{t3})^{-1}$ 可简化为 $\boldsymbol{\Phi}_3^0 = (\boldsymbol{G}_{t3}^T \boldsymbol{G}_{t3})^{-1} c^2 \sigma_{TOA}^2$ ，带入式子 $\boldsymbol{G}_{t3} = \boldsymbol{V}_3 \boldsymbol{\Sigma}_3 \boldsymbol{U}_3$ ，则有 $\boldsymbol{\Phi}_3^0 = \boldsymbol{U}_3^T \boldsymbol{\Sigma}_3^T \boldsymbol{\Sigma}_3 \boldsymbol{U}_3 c^2 \sigma_{TOA}^2$ ，其中 $\boldsymbol{\Sigma}_3^T \boldsymbol{\Sigma}_3 = \mathrm{diag}[\lambda_{3\_1}^2, \lambda_{3\_2}^2, \lambda_{3\_3}^2]$ 。由于 $\boldsymbol{U}_3$ 为酉矩阵，则根据条件数性质[144]，有

$$\mathrm{cond}(\boldsymbol{\Phi}_3^0) = \mathrm{cond}(\boldsymbol{U}_3^T \boldsymbol{\Sigma}_3^T \boldsymbol{\Sigma}_3 \boldsymbol{U}_3) = \mathrm{cond}(\boldsymbol{\Sigma}_3^T \boldsymbol{\Sigma}_3) = \frac{\max(\lambda_{3\_1}^2,\ \lambda_{3\_2}^2)}{\lambda_{3\_3}^2}$$

$$(2-21)$$

这里的 $\mathrm{cond}(\cdot)$ 表示条件数运算，$\max(\cdot)$ 表示求最大值。同理 $\boldsymbol{\Phi}_2^0 = \boldsymbol{U}_2^T \boldsymbol{\Sigma}_2^T \boldsymbol{\Sigma}_2 \boldsymbol{U}_2 c^2 \sigma_{\mathrm{TOA}}^2$，其中 $\boldsymbol{\Sigma}_2^T \boldsymbol{\Sigma}_2 = \mathrm{diag}[\lambda_{2\_1}^2,\ \lambda_{2\_2}^2]$，同上有

$$\mathrm{cond}(\boldsymbol{\Phi}_2^0) = \mathrm{cond}(\boldsymbol{\Sigma}_2^T \boldsymbol{\Sigma}_2) = \frac{\max(\lambda_{2\_1}^2,\ \lambda_{2\_2}^2)}{\min(\lambda_{2\_1}^2,\ \lambda_{2\_2}^2)} \qquad (2-22)$$

这里 $\min(\cdot)$ 表示求最小值。通常在场面监视区域内 $\boldsymbol{g}_x$ 和 $\boldsymbol{g}_y$ 之间的差别要远远小于 $\boldsymbol{g}_x$ 与 $\boldsymbol{g}_z$、$\boldsymbol{g}_y$ 与 $\boldsymbol{g}_z$ 的差别，则有如下关系：

$$\frac{\max(\lambda_{2\_1}^2,\ \lambda_{2\_2}^2)}{\min(\lambda_{2\_1}^2,\ \lambda_{2\_2}^2)} \leqslant \frac{\max(\lambda_{3\_1}^2,\ \lambda_{3\_2}^2)}{\lambda_{3\_3}^2} \qquad (2-23)$$

因而可得到如下结论：

$$\mathrm{cond}(\boldsymbol{\Phi}_2^0) \leqslant \mathrm{cond}(\boldsymbol{\Phi}_3^0) \qquad (2-24)$$

根据矩阵的条件数理论[144]，大条件数意味着即使小误差也会造成运算结果的较大偏差。根据式（2-24），当目标处于相同情况时，我们可以认为：相较于三维定位算法，本书所提出改进的定位算法是良置的（well-conditioned），因而具有更强的鲁棒性。

2.5　仿真实验及实测数据验证

本书在仿真中使用了 8 个接收站点，各个站点的 (x, y, z) 坐标分别为：

站 1：$(-114.2, 2\,913.7, -3.5)$。

站 2：$(-331.8, -240.1, -5.4)$。

站 3：$(586.9, 1\,854.5, 28.3)$。

站 4：$(683.9, 3\,116.5, 18.6)$。

站 5：$(556.0, 1\,166.4, -4.6)$。

站 6：$(-331.9, 422.1, -4.5)$。

站 7：$(0, 0, 0)$。

站 8：$(-0.1, 3\,527.9, -5.7)$。

坐标单位为米，这是我们在桂林两江国际机场所做 MLAT 实验系统中接收站点的实际坐标值。

本节内容分为两部分。第一部分是我们所提出的改进的算法及三维定位算

法的仿真实验，目的是验证本章所推导结论的正确性。具体内容包括：①两种算法下的理论精度及仿真精度的对比；②两种算法下的条件数及其对定位性能的影响对比。第二部分是实测数据验证，我们分别使用了本章所提出的改进的算法与三维定位算法对同一批实测 TDOA 数据进行了目标定位，以便进行更有工程意义的对比。

2.5.1　改进的时差定位算法及三维定位算法的仿真实验

在本节仿真中，我们首先分别计算出 8 站、7 站、6 站、5 站、4 站、3 站情况下（三维定位无 3 站）改进的算法及三维定位算法的联合标准差的理论值及条件数，然后再分别通过蒙特卡洛独立实验得到联合标准差的仿真值及定位异常点（abnormal point）的个数，并对它们进行对比分析。

仿真参数设置如下：设备个接收站点的 TOA 测量热噪声的统计特性相同，即均值为零，标准差为 6×10^{-9}s 的高斯白噪声，蒙特卡洛实验次数设定为 10 000 次，目标坐标选为 $(x, y, z) = (200, 1\ 777.7, -10)$。在性能指标的选择上，我们使用了 x、y 轴的联合精度，即 $\sigma_{xy} = \sqrt{\sigma_x^2 + \sigma_y^2}$ 作为定位精度的对比指标。

我们这里定义异常点来揭示条件数对定位算法的影响。异常点定义如下：设 $\hat{x}$、$\hat{y}$ 和 x、y 分别表示目标的定位解算值和真实值，$\boldsymbol{\Phi}$ 表示误差协方差矩阵，则有如下式子：$\xi_{xy} = [(\hat{x} - x), (\hat{y} - y)] \begin{bmatrix} \boldsymbol{\Phi}(1, 1), & \boldsymbol{\Phi}(1, 2) \\ \boldsymbol{\Phi}(2, 1), & \boldsymbol{\Phi}(2, 2) \end{bmatrix}^{-1} \begin{bmatrix} (\hat{x} - x) \\ (\hat{y} - y) \end{bmatrix}$（其中 $\boldsymbol{\Phi}(p, q)$ 表示取矩阵 $\boldsymbol{\Phi}$ 中第 p 行第 q 列的值）。

当噪声是高斯分布且 $\boldsymbol{\Phi}$ 为 $[(\hat{x} - x), (\hat{y} - y)]^T$ 的协方差矩阵时，式中 ξ_{xy} 为自由度为 2 的 χ^2 分布。此时异常点定义为满足下列条件的仿真值 $\xi_{xy} \geq M_{xy}$，其中门限 M_{xy} 可通过置信度确定。我们通过比较同一目标下的不同定位算法的异常点数目，可以判断出算法之间鲁棒性的强弱。

注意当使用本章所提出定位算法时，上面的联合精度 σ_{xy} 和 $\boldsymbol{\Phi}$ 分别设置为 $\boldsymbol{\Phi} = \boldsymbol{\Phi}_2^0$，$\sigma_{xy} = \sqrt{\sigma_{xx-2}^2 + \sigma_{yy-2}^2}$，而对于三维定位算法则有 $\sigma_{xy} = \sqrt{\sigma_{xx-3}^2 + \sigma_{yy-3}^2}$，$\boldsymbol{\Phi} = \boldsymbol{\Phi}_3^0$。其中 σ_{xx-2}^2、σ_{yy-2}^2、σ_{xx-3}^2、σ_{yy-3}^2、$\boldsymbol{\Phi}_2^0$、$\boldsymbol{\Phi}_3^0$ 的定义见本章中式（2-18）、式（2-11）和式（2-13）。

表 2-1 为所提出的改进的算法及三维定位算法的联合精度的理论值及其仿真值。由表 2-1 中数据的对比情况来看，两者吻合得很好，而且它们之间也满足了本书中式（2-18）和式（2-19）的推导关系，这说明前述所推导的相关结论是正确的。

表 2-1 站点数目不同时的理论及仿真精度   单位：米

站点数	理论精度 （改进的算法）	模拟精度 （改进的算法）	理论精度 （三维定位算法）	模拟精度 （三维定位算法）
8	1.629 3	1.622 4	2.662 8	2.420 1
7	1.816 3	1.811 4	2.869 3	2.820 8
6	1.887 4	1.879 1	2.987 3	2.965 6
5	2.696 9	2.684 1	3.390 2	4.605 6
4	2.774 8	2.745 2	3.529 0	4.320 5
3	3.144 9	3.142 8	＊	＊

注：＊ 表示无有效值。

表 2-2 中的二维及三维的条件数由 $\boldsymbol{\Phi}_2^0$、$\boldsymbol{\Phi}_3^0$ 确定，本书中置信度设为 99.7%，通过查表，我们确定门限值 $M_{xy}=11.6$。同时，置信度为 99.7% 也意味着当异常点个数在 10 000 × 0.003 = 30 附近时，是较为合理的，否则表明出现了与统计假设不符的异常点数据，我们认为这是由于条件数过大而引起的异常点。

表 2-2 站点数目不同时的条件数及异常点

站点个数/个	条件数值 （改进的算法）	异常点个数 （改进的算法）/个	条件数值 （三维定位算法）	异常点个数 （三维定位算法）
8	4.213 1	26	2 785.4	46
7	4.364 5	30	2 354.3	123
6	3.977 7	33	2 069.1	167
5	8.752 4	33	42 821.2	1 119
4	6.932 9	30	35 293.3	138
3	6.345 7	27	＊	＊

注：＊ 表示无有效值，条件数无单位。

表 2-2 中的数据表明，站点数目的变化对本章所提出的改进定位算法的条件数影响不大，这也使得异常点个数很稳定（都在 30 左右波动，符合统计假设的数据分布情况）。同时，与所提出的改进的算法相比，三维定位算法的条件数明显偏大，且随着站点个数的减小，增大的趋势更为明显（表中站点个数为 4 时例外）。按照本书前述的分析，这将直接导致异常点的数目与统计假设不符（具体表现为异常点数目远超过 30）。表 2-2 中的仿真结果证实了上

述结论的正确性。通常来说，异常点的增多将会对实际工程造成不利影响（例如，出现较多的"野值"点）。

2.5.2　改进的时差定位算法及三维定位算法的实测数据对比

实测数据来源于我们在桂林两江国际机场所进行的 MLAT 实验（2013年），共有 8 个接收站点，站点坐标如前述。利用各个接收站点所形成的同一批 TDOA 实测数据，我们分别使用了改进的算法和常规三维定位算法来对某架民航飞机进行定位。

为了全面说明问题，本书分别选择了该飞机在停机坪区域、滑行道区域和跑道区域的数据。由于无法知道飞机的准确位置，我们无法得到定位数据的标准差，但可以通过所解算出定位数据的散布情况来对定位效果进行直观判断。

图 2-1、图 2-2 和图 2-3 分别显示了在停机坪区域、滑行道区域和跑道区域内，该民航飞机分别使用改进的算法和三维定位算法的实际定位效果（注意图中每一个点所对应的接收站点集合不一定相同，图中背景显示的是场面电子地图，图中的 Modified algorithm 表示本章所提方法）。

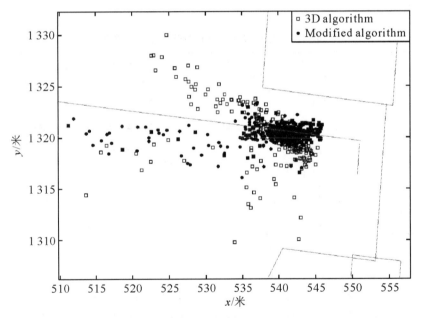

图 2-1　改进的算法/三维定位算法效果对比图（停机坪区域）

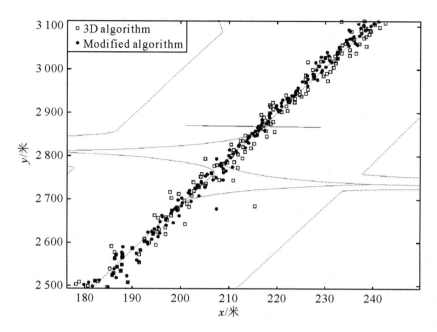

图 2-2　改进的算法/三维定位算法对比图（滑行道区域）

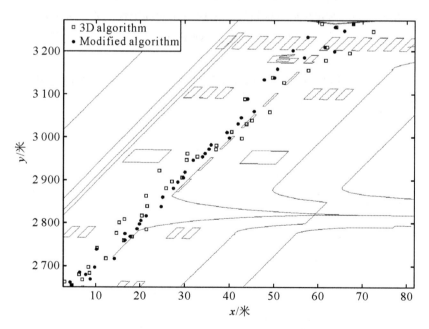

图 2-3　改进的算法/三维定位算法对比图（跑道区域）

由上述图示可以直观看出，不管是散布程度（精度）还是野值点（异常点）个数，本章所提出的改进的算法的效果要明显好于三维定位算法（注：因为飞机在不同区域内的持续时间和速度不同，图2-1、图2-2和图2-3中的样本点数不同）。

2.6 本章小结

本章提出了一种改进的基于时差的定位算法，并以传统的三维定位算法为基准，从理论上对该算法的精度和鲁棒性进行了详细的理论分析、仿真实验和实测数据验证，获得了以下结论：

（1）改进的算法适合于已知高度目标的基于 TDOA 的定位系统，当设计应用于机场场面监视的 MLAT 系统时，可选择该算法作为定位方式。

（2）与传统三维定位算法相比，改进的算法不但能够提高目标的定位精度，还可有效地增强定位系统的鲁棒性。同时，相较于三维定位算法，该算法只需 3 个接收站点即可进行二维定位。

（3）实测数据表明，当目标高度值较大时（飞机起飞及降落的某些阶段），改进的算法所定位的目标轨迹会出现明显的确定性偏差，这是目标实际情况与所选择的定位方程不吻合所致，如何进行校正和切换，是我们下一步需要进行的工作。

本章所提算法已应用于桂林两江国际机场和成都双流国际机场的 MLAT 示范验证项目中，并获得了较好的效果。

3 一种机场场面 MLAT 监视系统的 目标状态检验方法

结合机场场面 MLAT 监视系统所用定位算法的特点，本章提出了一种目标静止/运动状态检验方法，可有效地消除几何精度因子（geometric dilution of precision，GDOP）的影响，从而有效地保证在整个场面上所提检验方法的一致性和有效性。

3.1 MLAT 场面系统对目标状态检验的现实需求

在一个完整的 A-SMGCS 系统中，不但要对机场场面的飞机及服务车辆进行精确定位，还要对其运动状态进行准确判断。例如，在停机坪区域，场面管制人员只对运动的飞机感兴趣，而实际中由于停机坪区域的场景较为复杂，MLAT 系统在停机坪区域的定位精度较低（在 ICAO 的规范中，停机坪区域定位精度是 20 米，其他区域 7.5 米）。在此情况下，受到热噪声的影响，停机坪区域的静止目标会出现随机跳动情况，有时甚至会跳到相邻的停机位上。

由于大型机场场面的飞机较多，同时考虑到飞机在场面上的静止时间较长（几个小时到几十个小时），而运动时间较短（十几分钟或几十分钟）的特点，上述热噪声的影响会对场面管制人员的决策正确性提出较大的挑战。

准确判断出场面目标是处于静止状态还是处于运动状态并进行标注，是场面管制人员的现实需求。传统的运动状态检验算法是根据目标运动模型和噪声特性构建检验统计量，再与固定阈值进行比较，从而对目标的运动状态进行判断[145]。MLAT 系统的核心之一是定位算法，由于 MLAT 定位算法的独有特性，所解算出目标的 x、y、z 轴上的误差值与时差测量热噪声、目标与接收站点之间的几何相对位置有关（GDOP 特性），即定位的测量噪声是与目标位置有关的随机过程[146-147]。

上述特点意味着当传统的运动状态检验算法应用于 MLAT 系统时，检验性能将与目标位置有关，这在实际中要么靠引入以目标位置为自变量的阈值函数来保证检验性能稳定，要么造成场面不同位置的目标检验性能的不一致。针对此问题，国内外研究很少且尚无有效的解决方法，袁罡等[66]提出了一种利用定位误差特性并使用蚁群算法来进行目标静止状态检测的方法，但该方法较为复杂且计算量较大，不适合实际工程的具体实现。

本章提出了一种适用于场面 MLAT 监视系统的目标静止/运动状态的检验新方法，不但可有效地检验出由 MLAT 系统所定位目标的当前状态，还保证了检验器在整个场面区域检验性能的稳定。本章创新点如下：

（1）根据场面上目标高度固定的特点，推导出了带有固定高度的 MLAT系统的误差协方差矩阵。

（2）利用推导出的误差协方差矩阵对所选择的统计量进行归一化处理，以便消除 GDOP 的影响，该归一化统计量可在全场面范围内使用固定的检验阈值。

（3）一种在滑动窗口内处理归一化统计量的方法被提出，通过调整窗口尺寸，可满足不同检验性能的要求。

（4）推导出了滑动窗口下误差矩阵的理论形式及其求逆的快速算法。

本章余下内容安排如下：第 3.2 节为带有固定高度的 MLAT 定位算法的误差协方差矩阵、双样本点及滑动窗口检验方法的具体推导过程；第 3.3 节是验证理论推导的仿真实验；第 3.4 节是本章小结。

3.2　检验方法的推导

本节内容是本书所提出检验方法的理论推导，由以下两个部分构成：

（1）带有固定高度的 MLAT 定位算法的误差协方差矩阵的推导。由于检验性能与所解算目标位置的统计特性直接相关，MLAT 定位算法的误差协方差矩阵的推导是下一步检验过程的基础（假设热噪声是高斯分布，则统计特性只与误差协方差矩阵有关）。

（2）目标静止/运动状态检验方法的设计，包括归一化的检验统计量的构造及检验过程的具体实现步骤。

3.2.1　推导带有固定高度的 MLAT 定位算法的误差协方差矩阵

考虑到所涉及目标属于机场场面，即目标的高度值已知，此时传统的三维定位算法存在许多弊端，因而我们设计了带有固定高度的 MLAT 定位算法来进行目标位置的解算[148]。该算法的误差协方差矩阵的推导过程如下：设有 M 个接收站点，其坐标是 (x_i, y_i, z_i)，$i = 1 \sim M$，目标坐标表示为 (x_t, y_t, z_t^0)（z_t^0 是目标高度，设置为机场已知场面高度，因此待求量只有 x_t 和 y_t），则带有固定高度的 MLAT 系统满足如下几何关系（以站点 1 为公共参考站）：

$$\begin{cases} \sqrt{(x_t - x_2)^2 + (y_t - y_2)^2 + (z_t^0 - z_2)^2} - \sqrt{(x_t - x_1)^2 + (y_t - y_1)^2 + (z_t^0 - z_1)^2} = d_{2,1}^0 \\ \sqrt{(x_t - x_3)^2 + (y_t - y_3)^2 + (z_t^0 - z_3)^2} - \sqrt{(x_t - x_1)^2 + (y_t - y_1)^2 + (z_t^0 - z_1)^2} = d_{3,1}^0 \\ \qquad\qquad\qquad\qquad\qquad \vdots \\ \sqrt{(x_t - x_M)^2 + (y_t - y_M)^2 + (z_t^0 - z_M)^2} - \sqrt{(x_t - x_1)^2 + (y_t - y_1)^2 + (z_t^0 - z_1)^2} = d_{M,1}^0 \end{cases}$$

$$(3-1)$$

这里 $d_{i,1}^0$ 是无噪声情况下的距离差，实际中所测量出的距离差 $d_{i,1} = d_{i,1}^0 + \eta_{i,1}$，其中 $\eta_{i,1}$ 为测量距离差噪声。我们可推导出带有固定高度的 MLAT 定位算法所解算目标位置值的误差协方差矩阵：

$$\boldsymbol{\Phi}_{xy} = c^2 \left(\frac{\partial \boldsymbol{r}}{\partial \boldsymbol{z}_p}^T R^{-1} \frac{\partial \boldsymbol{r}}{\partial \boldsymbol{z}_p} \right)^{-1} = c^2 (\boldsymbol{G}_t^T \boldsymbol{R}^{-1} \boldsymbol{G}_t)^{-1} \qquad (3-2)$$

其中 $\boldsymbol{r} = [d_{2,1}^0, d_{3,1}^0, \cdots, d_{M,1}^0]^T$，$c$ 是电磁场速度，$\boldsymbol{z}_p = [x_t, y_t]^T$，$\boldsymbol{R}$ 为所测量 TDOA 的协方差矩阵。设 $\boldsymbol{G}_t = \dfrac{\partial \boldsymbol{r}}{\partial \boldsymbol{z}_p}$，$r_i =$

$\sqrt{(x_t - x_i)^2 + (y_t - y_i)^2 + (z_t^0 - z_i)^2}$，则有

$$\boldsymbol{G}_t = \begin{bmatrix} (x_t - x_2)/r_2 - (x_t - x_1)/r_1 & (y_t - y_2)/r_2 - (y_t - y_1)/r_1 \\ (x_t - x_3)/r_3 - (x_t - x_1)/r_1 & (y_t - y_3)/r_3 - (y_t - y_1)/r_1 \\ \vdots & \vdots \\ (x_t - x_M)/r_M - (x_t - x_1)/r_1 & (y_t - y_M)/r_M - (y_t - y_1)/r_1 \end{bmatrix} \quad (3-3)$$

由式（3-2）中所推导的误差协方差矩阵 $\boldsymbol{\Phi}_{xy}$ 可知，带有固定高度的 MLAT 定位算法所解出目标的位置误差不但与目标所在位置有关，而且 x_t 和 y_t 之间是统计相关的，其相关程度取决于目标位置 (x_t, y_t, z_t^0)、站点坐标 $(x_i, y_i, z_i)(i = 1 \sim M)$ 及它们之间的几何位置关系。

3.2.2 目标静止/运动状态检验方法的推导

在下面的推导过程中，我们首先将目标的静止/运动状态检验等价于假设检验问题，并使用所推导出的误差协方差矩阵对位置解算量进行处理，以便构造合适的统计量去进行检验。为了满足对检测性能的不同需要，本书还使用多

个位置解算值进行进一步的滑动窗口检验。

3.2.2.1 双样本点检验

目标静止/运动状态的检验可等同于以下的假设检验：

$$\begin{cases} H_0: \{x_{tk} = x_{t(k-1)}^0 + \eta_{xk}\} \&\& \{y_{tk} = y_{t(k-1)}^0 + \eta_{yk}\} \\ H_1: \{x_{tk} = x_{t(k-1)}^0 + v_{xk}(t_k - t_{k-1}) + \eta_{xk}\} \| \{y_{tk} = y_{t(k-1)}^0 + v_{yk}(t_k - t_{k-1}) + \eta_{yk}\} \end{cases}$$

$$(3-4)$$

其中 H_0、H_1 分别表示目标处于静止和运动状态，$x_{t(k-1)}^0$、$y_{t(k-1)}^0$ 与 x_{tk}、y_{tk} 分别是目标在 t_{k-1}、t_k 时刻的真实坐标值及解算值，目标在 $[t_{k-1}, t_k]$ 时 x 和 y 轴上的速度用 v_{xk}、v_{yk} 表示（本书只讨论匀速运动情况，所提方法在存在加速度情况下时的检测效果会更好），η_{xk} 和 η_{yk} 为 t_k 时刻 x 和 y 轴上的测量误差，$\&\&$、$\|$ 分别表示逻辑"与"和"或"。

当使用 t_k 时刻的解算值减去 t_{k-1} 时刻的解算值，即 $d_{xk,k-1} = x_{tk} - x_{t(k-1)}$，$d_{yk,k-1} = y_{tk} - y_{t(k-1)}$，由于 $x_{t(k-1)} = x_{t(k-1)}^0 + \eta_{xk-1}$，$y_{t(k-1)} = y_{t(k-1)}^0 + \eta_{yk-1}$，则式（3-4）变换为

$$\begin{cases} H_0: \{d_{xk,k-1} = \eta_{xk} - \eta_{xk-1}\} \&\& \{d_{yk,k-1} = \eta_{yk} - \eta_{yk-1}\} \\ H_1: \{d_{xk,k-1} = v_{xk}(t_k - t_{k-1}) + \eta_{xk} - \eta_{xk-1}\} \| \{d_{yk,k-1} = v_{yk}(t_k - t_{k-1}) + \eta_{yk} - \eta_{yk-1}\} \end{cases}$$

$$(3-5)$$

下面我们构建矢量 $\boldsymbol{d}_{xy} = [d_{xk,k-1}, d_{yk,k-1}]^T$。当目标状态为 H_0 时（目标处于静止状态），$\boldsymbol{d}_{xy}$ 的误差协方差矩阵为

$$\boldsymbol{C}_{xy} = E\{\boldsymbol{d}_{xy}\boldsymbol{d}_{xy}^T\} = E\left\{\begin{bmatrix} (\eta_{xk} - \eta_{xk-1})^2 & (\eta_{xk} - \eta_{xk-1})(\eta_{yk} - \eta_{yk-1}) \\ (\eta_{yk} - \eta_{yk-1})(\eta_{xk} - \eta_{xk-1}) & (\eta_{yk} - \eta_{yk-1})^2 \end{bmatrix}\right\}$$

$$(3-6)$$

由式（3-2）可知 $[\eta_{xk}, \eta_{yk}]^T$ 和 $[\eta_{xk-1}, \eta_{yk-1}]^T$ 的协方差矩阵分别为 $\boldsymbol{\Phi}_{xy}(k-1)$ 和 $\boldsymbol{\Phi}_{xy}(k)$。通常可认为 η_{xk-1}、η_{xk} 和 η_{yk-1}、η_{yk} 是均值为零的平稳高斯白噪声，即 $E\{\eta_{xk}\eta_{xk-1}\} = E\{\eta_{xk}\}E\{\eta_{xk-1}\} = 0$，$E\{\eta_{yk}\eta_{yk-1}\} = E\{\eta_{yk}\}E\{\eta_{yk-1}\} = 0$，$E\{\eta_{yk}\eta_{xk-1}\} = E\{\eta_{xk}\}E\{\eta_{xk-1}\} = 0$。基于此，当目标处于静止状态时，则有 $\boldsymbol{\Phi}_{xy} = \boldsymbol{\Phi}_{xy}(k) = \boldsymbol{\Phi}_{xy}(k-1)$，并有下式成立：

$$E\{(\eta_{xk} - \eta_{xk-1})^2\} = E\{(\eta_{xk})^2\} + E\{(\eta_{xk-1})^2\} = 2[\boldsymbol{\Phi}_{xy}]_{11} \quad (3-7)$$

$$E\{(\eta_{xk} - \eta_{xk-1})(\eta_{yk} - \eta_{yk-1})\} = E\{\eta_{xk}\eta_{yk}\} + E\{\eta_{xk-1}\eta_{yk-1}\} = 2[\boldsymbol{\Phi}_{xy}]_{12}$$

$$(3-8)$$

$$E\{(\eta_{yk} - \eta_{yk-1})^2\} = E\{(\eta_{yk})^2\} + E\{(\eta_{yk-1})^2\} = 2[\boldsymbol{\Phi}_{xy}]_{22} \quad (3-9)$$

其中 $[\boldsymbol{\Phi}_{xy}]_{pq}$ 表示式（3-2）矩阵 $\boldsymbol{\Phi}_{xy}$ 中的第 p 行第 q 列的元素。

由式（3-6）、（3-7）、（3-8）、（3-9）可推导出 $\boldsymbol{d}_{xy}$ 的误差协方差与带有固定高度的 MLAT 定位算法的误差协方差矩阵存在如下关系：$\boldsymbol{C}_{xy} = 2\boldsymbol{\Phi}_{xy}$。显然，利用所推导出 $\boldsymbol{d}_{xy}$ 的误差协方差 $\boldsymbol{C}_{xy}$，我们可将 $\boldsymbol{d}_{xy}$ 做如下归一化处理（将 $\boldsymbol{d}_{xy}$ 做白化处理），就可消除所解算出 x 和 y 值的统计相关性和几何位置相关性（GDOP 特性），获得进行检验所需的归一化统计量 ξ_k：

$$\xi_k = \boldsymbol{d}_{xy}^T \boldsymbol{C}_{xy}^{-1} \boldsymbol{d}_{xy} = \frac{1}{2} \boldsymbol{d}_{xy}^T \boldsymbol{\Phi}_{xy}^{-1} \boldsymbol{d}_{xy} \qquad (3-10)$$

由于测量噪声为高斯噪声，我们可得到如下结论：当目标为静止时，检验量 ξ_k 的概率密度函数（probability density function，pdf）为 2 个自由度的中心化的 χ^2 分布（central Chi square），否则 ξ_k 为 2 个自由度的非中心化的 χ^2 分布（non-central Chi square），其非中心化参数是速度和时间间隔的函数。上述性质给我们提供了实现假设检验的基础：当选择合适的置信度 α 后，则可确定检验阈值 M_ξ，进行如下静止/运动假设检验：

$$\begin{cases} H_0: \ \xi_k < M_\xi \\ H_1: \ \xi_k \geq M_\xi \end{cases} \qquad (3-11)$$

3.2.2.2 样本点滑动窗口检验

本章后面的仿真结果表明，如使用双样本点进行检验，则给定条件下的检验性能也许不能满足要求。下面我们使用多个样本点来进行滑动窗口检验。滑动窗口检验的实现如下：定义一个样本数目为 N 的窗口，再使用窗口内第 N 个样本点（x_N，y_N）分别减去窗口内其余的样本点（x_i，y_i），$i = 1 \sim N - 1$，即

$$\begin{cases} d_{xN1} = x_N - x_1, \quad d_{yN1} = y_N - y_1 \\ d_{xN2} = x_N - x_2, \quad d_{yN2} = y_N - y_2 \\ \quad\quad\quad\quad \cdots \\ d_{xNN-1} = x_N - x_{N-1}, \quad d_{yNN-1} = y_N - y_{N-1} \end{cases} \qquad (3-12)$$

接下来分别构建 x 和 y 轴上的矢量 $\boldsymbol{d}_{wx} = [d_{xN1}, d_{xN2}, \cdots, d_{xNN-1}]^T$，$\boldsymbol{d}_{wy} = [d_{yN1}, d_{yN2}, \cdots, d_{yNN-1}]^T$，再利用 $\boldsymbol{d}_{wx}$ 和 $\boldsymbol{d}_{wy}$ 组成 x 和 y 的联合矢量：$\boldsymbol{d}_{wxy} = \begin{bmatrix} \boldsymbol{d}_{wx} \\ \boldsymbol{d}_{wy} \end{bmatrix}$。当目标状态为 H_0 时（目标处于静止状态），我们可推导出 $\boldsymbol{d}_{wxy}$ 的协方差矩阵：

$$\boldsymbol{C}_{wxy} = E\{\boldsymbol{d}_{wxy} \boldsymbol{d}_{wxy}^T\} = \begin{bmatrix} \boldsymbol{D}_{xx} & \boldsymbol{D}_{xy} \\ \boldsymbol{D}_{yx} & \boldsymbol{D}_{yy} \end{bmatrix} \qquad (3-13)$$

由定义，有

$$\boldsymbol{D}_{xx} = E\{\boldsymbol{d}_{wx}\boldsymbol{d}_{wx}^T\} =$$

$$
\begin{bmatrix}
E\{(\eta_{xN})2\} + E\{(\eta_{x1})2\} & E\{(\eta_{xN})2\} & E\{(\eta_{xN})2\}\cdots & E\{(\eta_{xN})2\} \\
E\{(\eta_{xN})2\} & E\{(\eta_{xN})2\} + E\{(\eta_{x2})2\} & E\{(\eta_{xN})2\}\cdots & E\{(\eta_{xN})2\} \\
\vdots & \vdots & \vdots & \vdots \\
E\{(\eta_{xN})2\} & E\{(\eta_{xN})2\} & E\{(\eta_{xN})2\}\cdots & E\{(\eta_{xN})2\} + E\{(\eta_{xN-1})2\}
\end{bmatrix}
$$

$$\boldsymbol{D}_{xy} = \boldsymbol{D}_{yx} =$$

$$
\begin{bmatrix}
E\{\eta_{xN}\eta_{yN}\} + E\{\eta_{x1}\eta_{y1}\} & E\{\eta_{xN}\eta_{yN}\} & E\{\eta_{xN}\eta_{yN}\}\cdots & E\{\eta_{xN}\eta_{yN}\} \\
E\{\eta_{xN}\eta_{yN}\} & E\{\eta_{xN}\eta_{yN}\} + E\{\eta_{x2}\eta_{y2}\} & E\{\eta_{xN}\eta_{yN}\}\cdots & E\{\eta_{xN}\eta_{yN}\} \\
\vdots & \vdots & \vdots & \vdots \\
E\{\eta_{xN}\eta_{yN}\} & E\{\eta_{xN}\eta_{yN}\} & E\{\eta_{xN}\eta_{yN}\}\cdots & E\{\eta_{xN}\eta_{yN}\} + E\{\eta_{xN-1}\eta_{yN-1}\}
\end{bmatrix}
$$

$$\boldsymbol{D}_{yy} = E\{\boldsymbol{d}_{wy}\boldsymbol{d}_{wy}^T\} =$$

$$
\begin{bmatrix}
E\{(\eta_{yN})2\} + E\{(\eta_{y1})2\} & E\{(\eta_{yN})2\} & E\{(\eta_{yN})2\}\cdots & E\{(\eta_{yN})2\} \\
E\{(\eta_{yN})2\} & E\{(\eta_{yN})2\} + E\{(\eta_{y2})2\} & E\{(\eta_{yN})2\}\cdots & E\{(\eta_{yN})2\} \\
\vdots & \vdots & \vdots & \vdots \\
E\{(\eta_{yN})2\} & E\{(\eta_{yN})2\} & E\{(\eta_{yN})2\}\cdots & E\{(\eta_{yN})2\} + E\{(\eta_{yN-1})2\}
\end{bmatrix}
$$

当滑动窗口内所有样本点的接收站点子集相同时（实际中往往满足），上式可简化为

$$
\boldsymbol{D}_{xx} =
\begin{bmatrix}
2 & 1 & 1 & \cdots & 1 \\
1 & 2 & 1 & \cdots & 1 \\
\vdots & \vdots & \vdots & & \vdots \\
1 & 1 & 1 & \cdots & 2
\end{bmatrix}
[\boldsymbol{\Phi}_{wxy}]_{11}
\tag{3-15}
$$

$$
\boldsymbol{D}_{xy} = \boldsymbol{D}_{yx} =
\begin{bmatrix}
2 & 1 & 1 & \cdots & 1 \\
1 & 2 & 1 & \cdots & 1 \\
\vdots & \vdots & \vdots & & \vdots \\
1 & 1 & 1 & \cdots & 2
\end{bmatrix}
[\boldsymbol{\Phi}_{wxy}]_{21}
\tag{3-16}
$$

$$
\boldsymbol{D}_{yy} = E\{\boldsymbol{d}_{wy}\boldsymbol{d}_{wy}^T\} =
\begin{bmatrix}
2 & 1 & 1 & \cdots & 1 \\
1 & 2 & 1 & \cdots & 1 \\
\vdots & \vdots & \vdots & & \vdots \\
1 & 1 & 1 & \cdots & 2
\end{bmatrix}
[\boldsymbol{\Phi}_{wxy}]_{22}
\tag{3-17}
$$

这里 $\boldsymbol{\Phi}_{wxy}$ 是指滑动窗口内第 N 个样本点的误差协方差矩阵。根据式 (3-6) 的 $\boldsymbol{C}_{wxy}$，我们可构造出滑动窗口检验的归一化统计量：

$$
\xi_w = \boldsymbol{d}_{wxy}^T \boldsymbol{C}_{wxy}^{-1} \boldsymbol{d}_{wxy}
\tag{3-18}
$$

显然，当目标处于静止状态且热噪声是高斯分布时，式（3-18）中的 ξ_w

为自由度为 $2(N-1)$ 的中心化的 χ^2 分布；当目标处于运动状态，ξ_w 则为自由度为 $2(N-1)$ 的非中心化的 χ^2 分布，其非中心化参数是目标速度和窗口尺寸的函数。

选择合适的置信度 α_w，则可确定检验阈值 $M_{w\xi}$，进行如下假设检验判断：

$$\begin{cases} H_0: & \xi_w < M_{w\xi} \\ H_1: & \xi_w \geq M_{w\xi} \end{cases} \tag{3-19}$$

对于假设检验 H_0（静止）及 H_1（运动）来说，我们使用过判概率（实际为运动而判断为静止的概率，the probability of overdetermination）和欠判概率（实际为静止而判断为运动的概率，the probability of underdetermination）来全面评估检验性能。实际中，我们一般根据所设置的欠判概率来确定检验阈值，以便满足检测概率的需要。通常情况下，过判概率和欠判概率的值是一个矛盾关系，即其中一个小，另一个则大。

从本质上来说，要同时满足过判概率和欠判概率的要求，则两种假设情况（H_0 和 H_1）下的概率密度函数（pdf）的重叠区域的面积要小于一个上限。也就是说，两种假设情况下的 pdf 重叠区域的面积越小，过判概率和欠判概率也越小，检测性能也会更好。下面的仿真中，我们将会评估目标速度和滑动窗口尺寸与两种假设情况下（H_0 和 H_1）pdf 的重叠区域面积的关系。

下面我们给出多样本点滑动窗口方法进行静止/运动状态检验的步骤：

（1）在样本数目为 N 的窗口内计算 $\boldsymbol{d}_{wx}$ 和 $\boldsymbol{d}_{wy}$，并构建 $\boldsymbol{d}_{wxy} = \begin{bmatrix} \boldsymbol{d}_{wx} \\ \boldsymbol{d}_{wy} \end{bmatrix}$。

（2）根据解算出的值，计算窗口内最后一个解算样本值的 $\boldsymbol{\Phi}_{wxy}$。

（3）计算 $\boldsymbol{C}_{wxy}^{-1}$，根据所设置的欠判概率确定检验阈值 $M_{w\xi}$。

（4）计算 $\xi_w = \boldsymbol{d}_{wxy}^T \boldsymbol{C}_{wxy}^{-1} \boldsymbol{d}_{wxy}$，当其小于门限值 $M_{w\xi}$，则可判断目标为静止状态，否则为运动状态。

（5）窗口滑动至下一个样本值，并按照上述步骤进行重复判断。

3.2.2.3　求逆的优化算法

前式（3-18）中 $\boldsymbol{C}_{wxy}^{-1}$ 的求逆的计算量较大，根据 Moon 等[149]的模型，我们可推导出式（3-13）中分块矩阵的求逆式子为

$$\boldsymbol{C}_{wxy}^{-1} = \begin{bmatrix} \boldsymbol{D}_{xx}^{-1} + \boldsymbol{D}_{xx}^{-1} \boldsymbol{D}_{xy} \boldsymbol{S}^{-1} \boldsymbol{D}_{yx} \boldsymbol{D}_{xx}^{-1} & -\boldsymbol{D}_{xx}^{-1} \boldsymbol{D}_{xy} \boldsymbol{S}^{-1} \\ -\boldsymbol{S}^{-1} \boldsymbol{D}_{yx} \boldsymbol{D}_{xx}^{-1} & \boldsymbol{S}^{-1} \end{bmatrix} \tag{3-20}$$

其中 $S = D_{yy} - D_{yx}D_{xx}^{-1}D_{xy}$。这里 $Q = \begin{bmatrix} 2 & 1 & 1 & \cdots & 1 \\ 1 & 2 & 1 & \cdots & 1 \\ \vdots & \vdots & \vdots & & \vdots \\ 1 & 1 & 1 & \cdots & 2 \end{bmatrix}$，则根据式（3-15）、(3-16)、(3-17)，有 $D_{xx} = [\boldsymbol{\Phi}_{wxy}]_{11} Q$，$D_{xy} = D_{yx} = [\boldsymbol{\Phi}_{wxy}]_{12} Q$，$D_{yy} = [\boldsymbol{\Phi}_{wxy}]_{22} Q$，$S = \{[\boldsymbol{\Phi}_{wxy}]_{22} - ([\boldsymbol{\Phi}_{wxy}]_{12})^2 / [\boldsymbol{\Phi}_{wxy}]_{11}\} Q = \mu_s Q$，这里 $\mu_s = \{[\boldsymbol{\Phi}_{wxy}]_{22} - ([\boldsymbol{\Phi}_{wxy}]_{12})^2 / [\boldsymbol{\Phi}_{wxy}]_{11}\}$，则式（3-20）可变换为

$$C_{wxy}^{-1} = \begin{bmatrix} \left[\dfrac{1}{[\boldsymbol{\Phi}_{wxy}]_{11}} + \dfrac{([\boldsymbol{\Phi}_{wxy}]_{12})^2}{([\boldsymbol{\Phi}_{wxy}]_{11})^2 \mu_s}\right] Q^{-1} & -\dfrac{[\boldsymbol{\Phi}_{wxy}]_{12}}{[\boldsymbol{\Phi}_{wxy}]_{11}\mu_s} Q^{-1} \\[4mm] -\dfrac{[\boldsymbol{\Phi}_{wxy}]_{12}}{[\boldsymbol{\Phi}_{wxy}]_{11}\mu_s} Q^{-1} & \dfrac{1}{\mu_s} Q^{-1} \end{bmatrix}$$

$$= \begin{bmatrix} \dfrac{1}{[\boldsymbol{\Phi}_{wxy}]_{11}} + \dfrac{([\boldsymbol{\Phi}_{wxy}]_{12})^2}{([\boldsymbol{\Phi}_{wxy}]_{11})^2 \mu_s} & -\dfrac{[\boldsymbol{\Phi}_{wxy}]_{12}}{[\boldsymbol{\Phi}_{wxy}]_{11}\mu_s} \\[4mm] -\dfrac{[\boldsymbol{\Phi}_{wxy}]_{12}}{[\boldsymbol{\Phi}_{wxy}]_{11}\mu_s} & \dfrac{1}{\mu_s} \end{bmatrix} \otimes Q^{-1} \quad (3-21)$$

其中 $\otimes$ 为 Kronecker 积。考虑到实际工程中可将 Q^{-1} 预先算出，因此我们可通过式（3-21）中的等价形式来避免 C_{wxy}^{-1} 的求逆，以便降低计算量。

3.3 仿真实验

仿真中使用 Chan 算法估计目标位置，站点数为 8 个站，各个站点坐标按 (x, y, z) 的形式为： （-114.199 28, 2 913.697 04, -3.489 79）、（-331.837 08, -240.138 36, -5.383 16）、 （586.891 45, 1 854.460 46, 28.302 10）、 （683.941 72, 3 116.517 55, 18.578 23）、 （556.024 14, 1 166.376 65, -4.601 39）、（-331.926 47, 422.073 61, -4.512 67）、(0, 0, 0)、（-0.098 85, 3 527.896 14, -5.710 45）（这是桂林两江国际机场 MLAT 实验系统的接收站点坐标）。目标的坐标为（-360, 300, 10），样本点时间间隔为 1 秒，TOA 噪声为零均值高斯白噪声，标准差为 3ns。

仿真实验内容是利用蒙特卡罗方法，分别拟合出目标静止、以某一速度运动和不同滑动窗口尺寸下的统计检验量的 pdf，以便分析和评估所提方法的检验性能。具体仿真内容如下：

（1）不同滑动窗口尺寸下，对应检验统计量的仿真 pdf 及理论 pdf（静止状态下），目的是验证前述理论推导的正确性。

（2）不同速度和双样本点情况下，对应检验统计量 pdf 的仿真，目的是分析目标速度对检验性能（欠判概率和过判概率）的影响。

（3）不同速度和不同滑动窗口尺寸下，对应检验统计量 pdf 的仿真，目的是分析目标速度和滑动窗口尺寸对检验性能（欠判概率和过判概率）的影响。

为了更全面地说明问题，我们在仿真中采用了极端情况，即目标在某个坐标轴上有速度，而在另一个坐标轴上速度为零（显然当两个坐标轴上都有速度时，则检测效果更好）。仿真中所用的蒙特卡罗次数设定为 10 000。

3.3.1 不同滑动窗口尺寸下检验统计量的仿真及理论 pdf

图 3-1 为滑动窗口尺寸大小分别为 2、5、10 时（目标静止），对应检验统计量的仿真 pdf 和理论 pdf（由前述分析可知，检验统计量的理论 pdf 是自由度为 2、8、18 时的 χ^2 分布）。由图 3-1 可以看出，仿真所得到的检验统计量的 pdf 与理论上的 pdf 吻合得很好，这证实了前述相关推导的正确性。

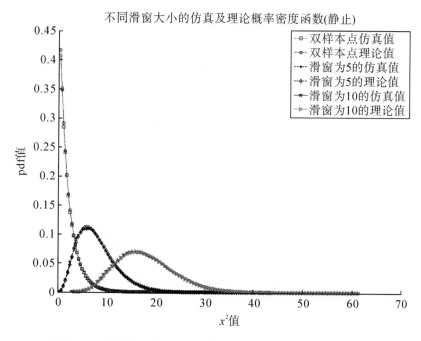

图 3-1　不同滑窗大小下 pdf 的仿真与理论值（静止状态下）

3.3.2　双样本点仿真

在双样本点的仿真中，不失一般性，我们分别仿真出目标速度为 1 米/秒、2 米/秒、5 米/秒、8 米/秒时检验统计量 ξ_k 的 pdf，图 3-2 显示了对应的仿真结果。

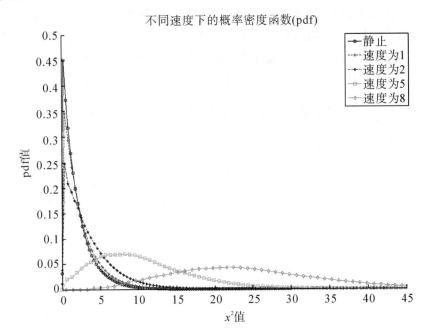

图 3-2　双样本点时不同速度下的检验量的 pdf

在仿真中，欠判概率被设置为 0.05，则可计算出目标处于静止状态下对应 χ^2 分布的检验阈值为 6.01。同时通过所仿真 ξ_k 的 pdf，可计算出目标速度为 1 米/秒、2 米/秒、5 米/秒、8 米/秒时在 [0，6.01] 区间的概率分别是 0.9、0.82、0.25、0.006 7（过判概率分别是 0.9、0.82、0.25、0.006 7）。这表明，当设置过判概率是 0.05 时，只有目标速度大于 8 米/秒的场景下，检验性能才能同时满足欠判概率和过判概率的要求。

目标处于静止和不同速度下，检验统计量 ξ_k 的 pdf 的重叠面积也可得到同样的结论，即在图 3-2 中当目标速度分别为 1 米/秒、2 米/秒、5 米/秒时，ξ_k 的 pdf 与静止时 ξ_k 的 pdf 有较大的重叠面积。

3.3.3　多样本点滑动窗口仿真

在多样本点滑动窗口仿真中，我们分别仿真了滑动窗口尺寸 5、10 及不同速度下，检验统计量 ξ_w 的 pdf。图 3-3 及图 3-4 显示了仿真结果（欠判概率和过判概率的值被设置为 0.05）。

如图 3-3 所示，当滑动窗口大小为 5 和目标处于静止状态下，由所设置欠判概率可计算出对应 χ^2 分布的检验阈值为 15.51，同时可计算出当目标速度分别为 1 米/秒、2 米/秒、5 米/秒、8 米/秒时，检验统计量 ξ_w 在［0，15.51］区间的概率分别为 0.59、0.02、0.000 1、0（过判概率分别是 0.59、0.02、0.000 1、0）。显然，这表明当滑动窗口为 5 时，速度超过 2 米/秒的目标（误判率为 0.02）就可以满足检测性能要求。

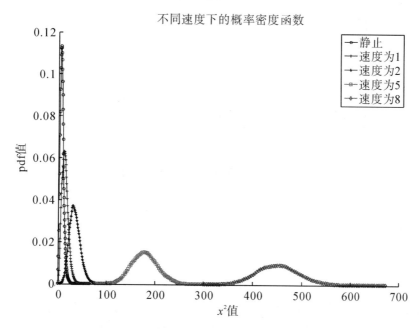

图 3-3　窗口数目为 5 时不同速度下的概率密度函数（pdf）

在图 3-4 中，当滑动窗口大小为 10 和目标处于静止状态下时，由所设置欠判概率可计算出对应 χ^2 的检验阈值为 28.87，同时可计算出当目标速度分别为 1 米/秒、2 米/秒时在［0，28.87］区间的概率分别为 0.000 6、0。这表明当滑动窗口为 10 时，所构造的检验统计量对速度 1 米/秒的目标具有良好的检验效果。

上述理论推导和仿真结果均表明，增加滑动窗口的尺寸将会在满足欠判概率要求的同时降低过判概率，从而显著地提高检测效果，缺点是会增加计算量，实际中可根据性能要求选择合适的滑动窗口大小。

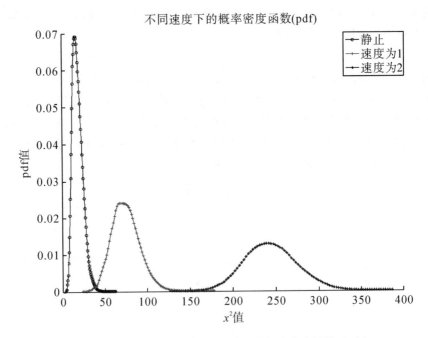

图 3-4　窗口数目为 10 时不同速度下的概率密度函数（pdf）

3.4　本章小结

　　基于机场场面的目标性质及 MLAT 定位算法的特点，本书提出了一种基于 MLAT 系统的目标静止/运动状态判断方法，该方法的原理是根据静止/运动状态下概率密度函数的不同，利用所设计的归一化统计量来进行检验，其特点如下：

　　（1）根据目标场面运动情况，推导出了带固定高度的 MLAT 定位算法的误差协方差矩阵。

　　（2）可根据系统性能要求灵活使用单样本点及多样本点进行检验。

　　（3）消除了 MLAT 定位系统中 GDOP 对检验性能的影响，使得检验性能与目标位置无关。

　　（4）检验性能与解算位置的统计耦合性无关。

　　（5）推导出方法的快速求逆公式，有效地减少了计算量。

　　作为 A-SMGCS 系统的静止/运动判断子模块的理论基础，本章所提方法已应用于桂林两江国际机场的 MLAT 实验系统的验证示范中。

4　一种 TDOA 状态模型方程及其性能分析

本章结合 MLAT 系统的特点，从理论上推导出了直角坐标系上目标运动模型与 TDOA 状态模型之间的近似通用关系，并由此建立了一种 TDOA 的状态模型方程，可用于 TDOA 滤波和消除 NLOS 的影响。

4.1　引言

目前实用化 MLAT 系统面临的最大问题是非视距（non-line-of-sight，NLOS）误差的不利影响。NLOS 是由于目标与接收站点之间存在遮挡，或由于发射信号在非目标物体上的反射、折射等引起的非直达信号。NLOS 会造成 TDOA 的畸变，从而导致定位算法的结果出现误差。

消除和减轻 NLOS 影响的主要方法有：匹配域处理方法、NLOS 鉴别方法、NLOS 权重法和 LOS（line-of-sight）/NLOS 跟踪滤波方法等。其中，基于卡尔曼体制的 LOS/NLOS 跟踪滤波方法的效果较好。

LOS/NLOS 跟踪滤波方法的原理是将 TOA（time of arrival）或 TDOA 视为卡尔曼体制中的状态变量，再根据建立的状态方程和测量方程来确定滤波器的参数和结构，从而递推地实现状态变量的跟踪和估计。

目前 LOS/NLOS 跟踪滤波方法的研究一般都认为状态变量（TDOA 或 TOA）的状态模型是常系数线性微分方程，对状态噪声的性质没有一个原理性和确定性的解释。黄明清等[150]、Najar 等[151]认为状态变量（TOA 或 TDOA）在两个相邻离散时刻的函数关系是一阶线性方程，并假设状态噪声为零。Liao 和 Chen 认为可使用马尔科夫过程来描述 LOS 和 NLOS，并使用了 TOA 或 TDOA 的"速度"（一阶导数）来描述状态方程，再利用一个已知方差的状态噪声来进行推导，该文献并没有说明这个方差的值是如何确定的[58]。

实际中运动目标的跟踪往往采用直角坐标系，这是因为在直角坐标系下，目标运动模型中的状态变量在时域上更易满足线性关系，这有利于预测和滤波的递推实现。到目前为止，已成功建立了大量基于直角坐标系的状态模型，例如匀速和匀加速模型、Singer 模型、"当前"模型、Noval 模型等[152]。

对于位于机场场面区域的目标来说，其运动路线和运动形式相对单一（运动路线包括跑道、滑行道和停机坪，运动形式有匀速、匀加速直线运动和少量的匀速转弯运动形式），基于直角坐标系上的场面目标运动模型的研究已相当成熟[153]。如何将直角坐标系上的各种成熟模型应用于 TDOA 的状态模型，是本章将要研究的内容之一；基于所建立的 TDOA 状态模型，提出消除 NLOS 成分的方法，则是本章研究的内容之二。

本章首先从理论上推导出直角坐标系上目标运动模型与 TDOA 状态模型之间的近似通用关系，并由此建立了 TDOA 的状态模型方程。仿真实验表明，基于该模型方程的滤波性能要明显优于传统方法。我们利用所推导出的状态模型方程，提出了 TDOA 下的 NLOS 消除方法，并用仿真和实测数据进行了验证。

本章余下内容安排如下：第 4.2 节演示了 TDOA 模型方程的理论推导过程，并介绍了一种消除 NLOS 的方法，第 4.3 节是利用仿真和实测数据的相关验证，第 4.4 节是本章小结。

4.2 模型方程的推导及 NLOS 的处理

4.2.1 TDOA 状态模型方程的推导

在下面的推导过程中，我们首先推导出直角坐标系下运动模型与 TDOA 状态模型之间的通用关系，并由此建立以 TDOA 为变量的状态方程和测量方程。

目标在直角坐标系 x 和 y 轴上的运动状态模型可表示为

$$\begin{cases} x_t(k) = x_t(k-1) + F[X(k-1), \nu_{tx}(k-1), T] \\ y_t(k) = y_t(k-1) + F[Y(k-1), \nu_{ty}(k-1), T] \end{cases} \tag{4-1}$$

其中 k 和 $k-1$ 是时间采样序列的标号，$x_t(k)$ 和 $y_t(k)$ 分别表示 k 时刻目标在 x 和 y 轴的位置，$F(\cdot)$ 是一个运动状态方程（本章中是一个线性函数），$X(k-1)$ 和 $Y(k-1)$ 是涉及运动状态的变量（如速度和加速度），$\nu_{tx}(k)$、$\nu_{ty}(k)$ 为 k 时刻目标在 x 和 y 轴的运动状态噪声，T 是采样周期。

不失一般性，本章设目标和接收站点的坐标是二维的（只有 x 和 y）。设

有 M 个接收站点，坐标为 (x_i, y_i)，$i = 1, \cdots, M$。在分布式 MLAT 系统中，每个接收站点独立地测量出目标的 TOA，并在中心站形成 TDOA。

MLAT 系统在 k 和 $k-1$ 时刻所获得的 TDOA 可表示如下（以接收站点 1 为 TOA 参考站）：

$$TDOA_{i1}(k-1) =$$
$$\sqrt{[x_i - x_t(k-1)]^2 + [y_i - y_t(k-1)]^2} - \sqrt{[x_1 - x_t(k-1)]^2 + [y_1 - y_t(k-1)]^2}$$
$$(4-2)$$

$$TDOA_{i1}(k) = \sqrt{[x_i - x_t(k)]^2 + [y_i - y_t(k)]^2} - \sqrt{[x_1 - x_t(k)]^2 + [y_1 - y_t(k)]^2}$$
$$(4-3)$$

这里 $i = 2, \cdots, M$，$TDOA_{i1}(k-1)$、$TDOA_{i1}(k)$ 分别表示 $k-1$ 和 k 时刻接收站点 i 与接收站点 1 之间的 TDOA。

将式（4-3）中的 $TDOA_{i1}(k)$ 在 $[x_t(k-1), y_t(k-1)]$ 处做一阶泰勒级数展开，则有

$$TDOA_{i1}(k) = \sqrt{[x_i - x_t(k-1)]^2 + [y_i - y_t(k-1)]^2} -$$
$$\sqrt{[x_1 - x_t(k-1)]^2 + [y_1 - y_t(k-1)]^2} + \left\{ - \frac{[x_i - x_t(k-1)]}{r_i(k-1)} \right.$$
$$\left. + \frac{[x_1 - x_t(k-1)]}{r_1(k-1)} \right\} \{x_t(k) - x_t(k-1)\} +$$
$$\left\{ - \frac{[y_i - y_t(k-1)]}{r_i(k-1)} + \frac{[y_1 - y_t(k-1)]}{r_1(k-1)} \right\} \{y_t(k) - y_t(k-1)\} \quad (4-4)$$

其中 $r_i(k-1) = \sqrt{[x_i - x_t(k-1)]^2 + [y_i - y_t(k-1)]^2}$。根据式（4-1），式（4-4）中的项 $x_t(k) - x_t(k-1) = F[X(k-1), \nu_{tx}(k-1), T]$，$y_t(k) - y_t(k-1) = F[Y(k-1), \nu_{ty}(k-1), T]$，再考虑式（4-2）中 $TDOA_{i1}(k-1)$ 的定义，式（4-4）可变为

$$TDOA_{i1}(k) = TDOA_{i1}(k-1) + \left\{ - \frac{[x_i - x_t(k-1)]}{r_i(k-1)} + \frac{[x_1 - x_t(k-1)]}{r_1(k-1)} \right\}$$
$$\{F[X(k-1), \nu_{tx}(k), T]\} + \left\{ - \frac{[y_i - y_t(k-1)]}{r_i(k-1)} + \right.$$
$$\left. \frac{[y_1 - y_t(k-1)]}{r_1(k-1)} \right\} \{F[Y(k-1), \nu_{ty}(k), T]\} \quad (4-5)$$

为进一步简化上式，这里设 $g_{xi}(k-1) = \left\{ - \frac{[x_i - x_t(k-1)]}{r_i(k-1)} + \right.$

$$\frac{[x_1 - x_t(k-1)]}{r_1(k-1)}\}, \quad g_{yi}(k-1) = \{-\frac{[y_i - y_t(k-1)]}{r_i(k-1)} + \frac{[y_1 - y_t(k-1)]}{r_1(k-1)}\}, \quad 则$$

式（4-5）可简化为

$$TDOA_{i1}(k) = TDOA_{i1}(k-1) + g_{xi}(k-1)F[X(k-1),$$
$$\nu_{tx}(k-1), T] + g_{yi}(k-1)F[Y(k-1), \nu_{ty}(k-1), T] \quad (4-6)$$

显然，式（4-6）可认为是 TDOA 的状态方程。注意到当 $F[X(k-1), \nu_{tx}(k-1), T]$ 和 $F[Y(k-1), \nu_{ty}(k-1), T]$ 是线性方程时，则式（4-6）中 TDOA 的状态方程也是线性的，这意味着可使用卡尔曼滤波方法来递推地实现 TDOA 的状态估计。

TDOA 的状态方程定义为

$$TDOA_{i1}(k) = TDOA_{i1}(k-1) + TDOA_{i1}(k-1)T + v(k) \quad (4-7)$$

其中，$TDOA_{i1}(k-1)$ 是 TDOA 的变化率（TDOA 的导数），$v(k)$ 是 TDOA 状态噪声，要么为零要么是一个平稳高斯白噪声。

式（4-7）是目前最常用的 TDOA 状态方程，与我们所推导出的式（4-6）相比，有以下几个区别：

（1）式（4-7）是常系数差分方程，即状态变量系数不随目标位置和时间的变化而变化。式（4-6）中的项 $g_{xi}(k-1)$ 和 $g_{yi}(k-1)$、$F[X(k-1), \nu_{tx}(k-1), T]$ 和 $F[Y(k-1), \nu_{ty}(k-1), T]$ 均与目标 $k-1$ 时刻的位置 $x_t(k-1)$ 和 $y_t(k-1)$ 有关，即状态方程中的系数是目标空间位置的函数，因而式（4-6）不是常系数差分方程。

（2）式（4-7）中的状态噪声 $v(k)$ 要么为零要么是一个已知统计特性的平稳高斯白噪声。式（4-6）中的状态噪声项与 $g_{xi}(k-1)$ 和 $g_{yi}(k-1)$、$F[X(k-1), \nu_{tx}(k-1), T]$ 和 $F[Y(k-1), \nu_{ty}(k-1), T]$ 均有关，因而是一个非平稳噪声，其统计特性与目标的位置有关。

为方便起见，我们将传统的 TDOA 状态方程称为直接 TDOA 状态方程，而将本章所推导出的 TDOA 状态方程称作间接 TDOA 状态方程。

实际中所测量的 TDOA 是由真实的 TDOA 与测量噪声的线性和构成的，我们用 $M\_TDOA_{i1}(k)$ 表示 k 时刻的 TDOA 测量值，w_{i1} 表示接收站点 i 和接收站点 1 之间的 TDOA 热噪声。结合式（4-6），我们可分别推导出直角坐标系下已知运动模型的 TDOA 的状态方程和测量方程

$$TDOA_{i1}(k) = TDOA_{i1}(k-1) + g_{xi}(k-1)F[X(k-1),$$
$$\nu_{tx}(k-1), T] + g_{yi}(k-1)F[Y(k-1), \nu_{ty}(k-1), T] \quad (4-8)$$
$$M\_TDOA_{i1}(k) = TDOA_{i1}(k) + w_{i1} \quad (4-9)$$

其中测量噪声 w_{i1} 是由接收站点热噪声引起的，一般可认为是均值为零，方差为 $\sigma_{i1}^2 = \sigma_i^2 + \sigma_1^2$ 的高斯白噪声（σ_i^2、σ_1^2 分别是接收站点 i 和接收站点 1 的噪声方差），其与式（4-6）中的状态噪声 $\nu_{tx}(k-1)$、$\nu_{ty}(k-1)$ 之间是相互统计独立的。

4.2.2 匀速模型的间接 TDOA 状态方程的推导

实际中，$\boldsymbol{F}[X(k-1),\ \nu_{tx}(k-1),\ T]$ 和 $F[\boldsymbol{X}(k-1),\ \nu_{ty}(k-1),\ T]$ 都有确定的模型方程，例如匀速模型中：

$$\begin{cases} F[\boldsymbol{X}(k-1),\ \nu_{tx}(k-1),\ T] = \dot{x}_t(k-1)T + \nu_{tx}(k-1)T^2/2 \\ F[\boldsymbol{Y}(k-1),\ \nu_{ty}(k-1),\ T] = \dot{y}_t(k-1)T + \nu_{ty}(k-1)T^2/2 \end{cases} \quad (4\text{-}10)$$

匀加速模型中：

$$F[\boldsymbol{X}(k-1),\ \nu_{tx}(k-1),\ T] = \dot{x}_t(k-1)T +$$
$$\ddot{x}_t(k-1)T^2/2 + \nu_{tx}(k-1)T^{5/2}/\sqrt{20} \quad (4\text{-}11)$$
$$F[\boldsymbol{Y}(k-1),\ \nu_{ty}(k-1),\ T] =$$
$$\dot{y}_t(k-1)T + \ddot{y}_t(k-1)T^2/2 + \nu_{ty}(k-1)T^{5/2}/\sqrt{20} \quad (4\text{-}12)$$

其中，$\dot{x}_t(k-1)$ 和 $\ddot{x}_t(k-1)$、$\dot{x}_t(k-1)$ 和 $\ddot{y}_t(k-1)$ 分别是目标在 x 和 y 轴上的速度和加速度。

将式（4-10）带入式（4-6）中，有

$$\text{TDOA}_{i1}(k) = \text{TDOA}_{i1}(k-1) + [g_{xi}(k-1)\dot{x}_t(k-1) + g_{yi}(k-1)\dot{y}_t(k-1)]T +$$
$$[g_{xi}(k-1)\nu_{tx}(k-1) + g_{yi}(k-1)\nu_{ty}(k-1)]T^2/2 \quad (4\text{-}13)$$

将式（4-13）转换成矢量形式表示，有

$$\begin{bmatrix} \text{TDOA}_{i1}(k) \\ \dot{x}_t(k) \\ \dot{y}_t(k) \end{bmatrix} = \begin{bmatrix} 1 & g_{xi}(k-1)T & g_{yi}(k-1)T \\ 0 & 1 & 0 \\ 0 & 0 & 1 \end{bmatrix} \begin{bmatrix} \text{TDOA}_{i1}(k-1) \\ \dot{x}_t(k-1) \\ \dot{y}_t(k-1) \end{bmatrix} +$$
$$\begin{bmatrix} g_{xi}(k-1)T^2/2 & g_{yi}(k-1)T^2/2 \\ T & 0 \\ 0 & T \end{bmatrix} \begin{bmatrix} \nu_{tx}(k-1) \\ \nu_{ty}(k-1) \end{bmatrix} \quad (4\text{-}14)$$

$$\text{设 } \boldsymbol{X}(k) = \begin{bmatrix} \text{TDOA}_{i1}(k) \\ \dot{x}_t(k) \\ \dot{y}_t(k) \end{bmatrix}, \quad \boldsymbol{\Phi}(k-1) = \begin{bmatrix} 1 & g_{xi}(k-1)T & g_{yi}(k-1)T \\ 0 & 1 & 0 \\ 0 & 0 & 1 \end{bmatrix},$$

$$\boldsymbol{G}(k-1) = \begin{bmatrix} g_{xi}(k-1)T^2/2 & g_{yi}(k-1)T^2/2 \\ T & 0 \\ 0 & T \end{bmatrix}, \quad \boldsymbol{V}(k-1) = \begin{bmatrix} \nu_{tx}(k-1) \\ \nu_{ty}(k-1) \end{bmatrix}, \text{ 通}$$

常可认为 $\nu_{tx}(k-1)$ 和 $\nu_{ty}(k-1)$ 是均值为 0、方差为 σ_x^2 和 σ_y^2 的平稳高斯白噪

声，因而 $\boldsymbol{V}(k-1) = \begin{bmatrix} \nu_{tx} \\ \nu_{ty} \end{bmatrix}$。

由此，匀速模型下 TDOA 的状态模型可简化为

$$\boldsymbol{X}(k) = \boldsymbol{\Phi}(k-1)X(k-1) + \boldsymbol{G}(k-1)\boldsymbol{V}(k-1) \qquad (4\text{-}15)$$

注意这里的系数矩阵 $\boldsymbol{\Phi}(k-1)$ 和 $\boldsymbol{G}(k-1)$ 都与目标 $(k-1)$ 时刻在坐标轴 x 和 y 上的当前位置有关。实际中，由于目标在 $(k-1)$ 时刻的位置可通过 $(k-2)$ 时刻卡尔曼滤波后的定位算法解出，因而 $\boldsymbol{X}(k)$ 也可通过递推获得。

4.2.3　NLOS 的消除

当建立了线性状态方程和测量方程后，就可以使用卡尔曼滤波体制来递推地进行状态变量的跟踪估计。

在基于式（4-8）和（4-9）的卡尔曼滤波处理中，预测值与测量值的残差（新息）定义为

$$\widetilde{\text{TDOA}}_{i1}(k) = M\_\,\text{TDOA}_{i1}(k) - \text{TDOA}_{i1}(k\,|\,k-1) \qquad (4\text{-}16)$$

其中，$\text{TDOA}_{i1}(k\,|\,k-1)$ 是使用 $1 \sim k-1$ 时刻的全部测量值对 k 时刻 $\text{TDOA}_{i1}(k)$ 的预测。$\widetilde{\text{TDOA}}_{i1}(k)$ 是残差，按照前述的定义，$\widetilde{\text{TDOA}}_{i1}(k)$ 是一个零均值高斯随机变量，对应的协方差矩阵为：

$$\hat{P}(k\,|\,k-1) = E\big\{[M\_\,\text{TDOA}_{i1}(k) - \text{TDOA}_{i1}(k\,|\,k-1)]$$

$$[M\_\,\text{TDOA}_{i1}(k) - \text{TDOA}_{i1}(k\,|\,k-1)]^T\big\} = P_{\text{TDOA}}(k\,|\,k-1) + \sigma_{i1}^2$$

$$(4\text{-}17)$$

这里 $P_{\text{TDOA}}(k\,|\,k-1)$ 是对 k 时刻 $\text{TDOA}_{i1}(k)$ 的预测值的误差协方差矩阵，可通过递推获得。

由式（4-16）和式（4-17），可获得随机量 $\widetilde{\text{TDOA}}_{i1}(k)$ 的统计特性。由假设检验原理[118]，可推导出 LOS/NLOS 的双择检验公式如下：

$$\begin{cases} \widehat{\mathrm{TDOA}}_{i1}(k) \leqslant d\sqrt{\hat{P}(k\mid k-1)} & \text{测量值是 LOS} \\ \widehat{\mathrm{TDOA}}_{i1}(k) > d\sqrt{\hat{P}(k\mid k-1)} & \text{测量值出现 NLOS} \end{cases} \tag{4-18}$$

其中 d 为一个常数，通常定义为 3（置信度 99.7%），注意这里的 $\hat{P}(k\mid k-1)$ 是一个标量。

当判断出现了 NLOS 时，可使用 $\mathrm{TDOA}_{i1}(k\mid k-1)$ 代替测量值输入滤波递推式中，即可实现下一步递推的滤波步骤。

4.3　仿真及实测数据验证

本节通过数值仿真和实测数据验证上述结论的正确性，由三个部分组成：

（1）对传统的直接 TDOA 状态方程与本书所提出的间接 TDOA 状态方程的估计性能进行仿真对比。

（2）NLOS 消除方法的仿真验证（基于间接 TDOA 状态方程）。

（3）使用实测数据验证 NLOS 消除方法的合理性（基于 TDOA 间接状态方程）。

仿真参数设置如下：TDOA 对应的站点 x 和 y 坐标分别为（1 000，300）和（200，600）。目标在 x 和 y 轴上分别做匀速直线运动，初始点坐标是（0，0），在 x 轴上以速度 6 米/秒、y 轴上以速度 10 米/秒运行 10 000 个点，采样周期 $T = 0.2$ 秒。x 和 y 轴上的状态噪声设为均值为零的高斯随机过程，标准差分别为 0.8 米/秒和 1.2 米/秒。

仿真所用的模型是直角坐标系下的匀速模型，$g_{xi}(k-1)$ 和 $g_{yi}(k-1)$、$F[X(k-1), \nu_{tx}(k-1), T]$ 和 $F[Y(k-1), \nu_{ty}(k-1), T]$ 的具体实现形式请参见本章推导。

4.3.1　直接 TDOA 状态方程与间接 TDOA 状态方程的性能仿真对比

本小节中，我们分别使用两种 TDOA 状态方程来估计 TDOA，并将估计出的 TDOA 与真实 TDOA 之间误差的标准差作为估计性能的评价标准。接收机热噪声为均值为零、标准差是 5ns 的高斯白噪声。

仿真步骤如下：首先，计算出间接 TDOA 状态方程的估计误差标准差，其次将式（4-7）中直接 TDOA 状态方程中的状态噪声 $v(k)$ 的标准差由 0.001 变化到 200，分别计算出上述变化区间内每一个值的估计误差标准差。显然，如果间接 TDOA 状态方程的估计误差标准差均小于直接 TDOA 状态方程中所有的估计误差标准差，就可说明当使用间接 TDOA 状态方程时的估计性能会更优。

图 4-1 表示了仿真结果，可计算出间接 TDOA 状态方法的估计误差标准差为 0.361 9 米（为了方便表示，仿真中的 TDOA 可使用等价的距离差来表示，单位为米）。当直接 TDOA 方法的噪声标准差从 0.001 米增加到 200 米时，它的误差标准差从 0.520 0 米单调增加到 1.209 4 米，均大于 0.361 9 米，这证明了本书所提出的间接 TDOA 状态方法的估计性能优于直接 TDOA 状态方法。

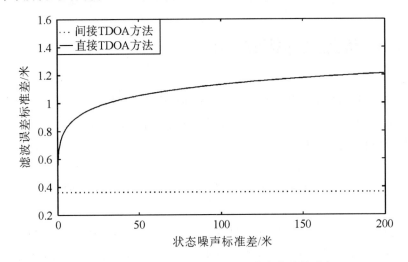

图 4-1　间接 TDOA 和直接 TDOA 状态方法的对比

4.3.2　NLOS 消除处理的仿真

仿真参数设置与第 4.2 节相同，设 NLOS 成分是均值为 18 米、标准差为 9 米的高斯随机噪声，NLOS 成分直接线性叠加在带噪 TDOA 的测量值上。仿真中，使用基于间接 TDOA 状态模型的卡尔曼滤波进行滤波和消除 NLOS 成分的处理，图 4-2 显示了具体的仿真结果。

经计算，图 4-2 中估计出的 TDOA 与真实 TDOA 之间估计误差标准差的值是 0.354 5 米，与不存在 NLOS 成分时的滤波结果相近，这表明了所提出方法的有效性。

由图 4-2 也可看出，我们所提出的 NLOS 消除方法不但去除了全部 NLOS 成分，而且还提高了 TDOA 的估计精度。

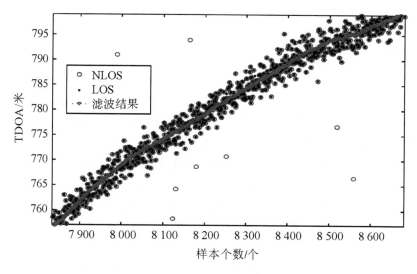

图 4-2　NLOS 处理结果

4.3.3　实测数据的验证

图 4-3 显示的是使用本书所推导模型和所提出方法对实测数据进行处理后的结果，实测数据来源于桂林两江国际机场的 MLAT 实验项目。由图 4-3 可见，NLOS 所造成的定位误差已被很好地消除和减弱。

桂林机场场面数据处理对比图

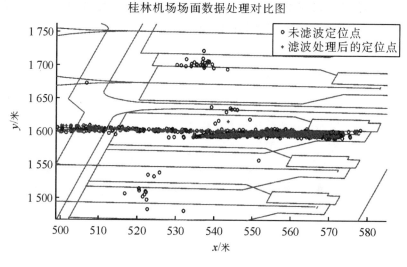

图 4-3　实测数据的 NLOS 处理结果

4.4　本章小结

传统的 TDOA 状态模型的建立存在一定的随意性和模糊性，这是由于人们对目标的空间运动与 TDOA 状态之间的联系缺乏理论和实际数据的分析。基于直角坐标系下已建立的成熟运动模型，本章提出了一种应用于场面监视 MLAT 系统的 TDOA 状态方程和滤波方法，并对该模型和方法的有效性进行了仿真和实测数据验证，获得了如下结论：

（1）本章推导和仿真的结果表明，以 TDOA 作为状态变量的模型方程是与目标的空间位置有关的，这为设计更优的基于 TDOA 的跟踪滤波算法提出了一种新的思路。

（2）基于所推导出的 TDOA 状态模型，再结合假设检验理论，可有效地消除 NLOS 成分对定位结果的不利影响。

（3）考虑到推导中的泰勒级数近似，本章所推导的 TDOA 状态方程应该只是一种次优模型，如何结合非线性处理来获得最优的 TDOA 状态模型，是我们下一步工作的重点和方向。

（4）在停机坪区域，实际中如接收站点数目过少，则目标的 TDOA 经常出现不连续的间断情况，这将会对本章所提方法提出挑战。

本章所提方法已应用于桂林两江国际机场和双流国际机场的 MLAT 示范验证项目中，并获得了较好的实际效果。

5 基于多参考发射机的 MLAT 系统同步方法

本章以现有已设计和安装的 MLAT 系统为应用和验证系统，以机场场面内广泛应用的参考发射机为实现手段，研究独立于 GPS 的大型机场场面监视 MLAT 系统的同步新方法。

5.1 引言

目前，场面监视 MLAT 系统最常用的同步方式是 GPS（global positioning system）同步，即每一个 MLAT 接收站点都安装 GPS 接收机，通过 GPS 卫星的授时功能来实现接收站点之间的同步。对于大型机场场面监视 MLAT 系统来说，采用基于 GPS 共视模式的同步方式会存在如下问题：

（1）GPS 的授时是依靠无线电信号实现的，其不可避免会受到自然界各种因素的影响。例如，2003 年 3 月 26 日太阳风暴暴发期间，美国马萨诸塞州北部地区的大部分 GPS 接收机存在无法锁定和跟踪在轨卫星的情况。

（2）易受人为因素的影响。由于 GPS 的民用频率和扩频码是公开的，这使得对 GPS 的无意和有意干扰相对容易。例如，有人做过实验，用不足 500 美元的现有器件所组装的干扰机，可干扰 70 平方千米内的所有 GPS 信号。

同时，在某些情况下（例如系统维护或战时），GPS 服务提供者会暂停或有意降低 GPS 的服务精度。2009 年，由于 GPS 系统的维护，江苏、浙江、上海、河北、山东、山西等地的 GPS 服务被暂停数十天。

（3）实际应用中发现，在较大的区域及较长时间内保证多通道 GPS 处于共视模式的控制和处理较为复杂，卫星数量和卫星仰角的选择会影响共视同步精度。

上述问题会影响 MLAT 系统的正常使用，从而给场面区域的监视带来安全隐患。

民航安全无小事，基于 GPS 共视模式的同步方式会存在一些固有的缺陷（即使将来换成北斗二代，由于其基本工作原理与 GPS 类似，同样的问题仍会出现），这些缺陷所引发的安全隐患对将安全视为生命的民航业来说是难以接受的。近年来，国外民航业也逐步意识到了这个问题，纷纷开始计划进行相关的前期基础理论研究工作。例如，考虑到 GPS 同步方式的弱点，美国联邦航空管理局（Federal Aviation Administration，FAA）已在下一代定位、导航和定时（nextGen alternative positioning, navigation and timing，APNT）方案中提出了需研究 GPS 失灵时 MLAT 系统的同步替代方式。

对于国内民航业来说，目前刚刚解决了场面监视 MLAT 系统的"有无"问题，但不论是为了完善和增强现有 MLAT 系统的可靠性和安全性，还是为了下一代 MLAT 系统的理论储备和探索，都需要开展 MLAT 系统同步方式新的理论基础研究。

新同步方式在实际应用中可独立工作，也可结合基于 GPS 的同步方式：当 GPS 同步正常时，新同步方式可与其做同步数据融合处理，进一步提高同步精度和鲁棒性；当 GPS 同步失效时，新同步方式可独立实现 MLAT 系统的同步。

由于大型机场所占面积广、接收站点数量多，难以保证基于 GPS 同步方式的可靠性，研究独立于 GPS 的场面监视 MLAT 系统的同步技术，尤其具有现实意义。

研究独立于 GPS 的大型机场场面监视 MLAT 系统，既要考虑到大型机场场面覆盖面积大、电磁和地理环境较为复杂、接收站点数量较多等特点，又必须结合 MLAT 系统的工作原理和实现方式，同时，最好使用现有 MLAT 的标准设备，以免造成新的干扰源。

本章提出一种基于多参考发射机的接收站点同步方法，通过多个多参考发射机与多个接收站点之间相对位置的合理布局及相互作用，该方法可最佳地估计出任意两个接收站点之间的固定时间偏差，从而较好地解决了大型机场场面所面临的接收站点间的同步问题。本书的主要创新点有：

（1）找到了多参考发射机场景下，有关接收站点之间固定时间偏差估计的两个性质，即增益性和桥接性，并推导出对应的理论偏差公式。由此，我们得出了如下结论：当对参考发射机数目和位置进行合理的优化布局时，可估计出满足精度要求的任意接收站点间的固定时间偏差值。

（2）将多参考发射机与多个接收站点之间的相互作用关系模型化为图论中的节点与路径关系，从而可利用最短路径算法来实现接收站点间的固定时间偏差的最佳估计。

（3）设计了一种应用于实际工程的算法，可完成对接收站点间的固定时间偏差的最佳估计。

本章余下内容安排如下：

第 5.2 节由以下两个部分组成：①理论推导和证明过程，涉及多参考发射机下多个接收站点间的固定时间偏差估计的相关理论及对应模型的具体推导过程；②工程应用算法的具体实现过程。第 5.3 节是实验仿真和验证部分，用来验证所建立模型和理论推导的正确性和合理性。第 5.4 节是本章小结。

在以下内容中，我们均假设接收站点间的频率不同步所引起的时变误差已被校正，所需做的工作是估计出任意接收站点间的固定时间偏差（TDOA 形式）。

5.2 相关理论、模型和算法的推导及证明

首先，本节介绍了单参考发射机情况下的固定时间偏差估计方法，接着推导出利用多参考发射机来实现接收站点间的固定时间偏差估计时的两个性质，即增益性及桥接性；其次，基于这两种性质，我们可证明，对多个参考发射机的地理位置进行合理布局，可对任意拓扑结构的接收站点网络实现固定时间偏差的估计；最后，我们提出了利用图论来对多参考发射机情况下接收站点间的固定时间偏差的估计问题进行建模，并利用最短路径算法对任意接收站点间的固定时间偏差进行最佳估计。

5.2.1 单参考发射机连接性

如图 5-1（a）所示，图中参考发射机（表示为 $r1$）覆盖范围内有 4 个接收站点（$s1$、$s2$、$s3$、$s4$），参考发射机 $r1$ 的发射信号被接收站点 i、j 所获得的 TOA 可分别表示为

$$\begin{cases} \text{TOA}_i^1 = \text{TOA}_i^{10} + \tau_i^m + \eta_i^1 \\ \text{TOA}_j^1 = \text{TOA}_j^{10} + \tau_j^m + \eta_j^1 \end{cases} \tag{5-1}$$

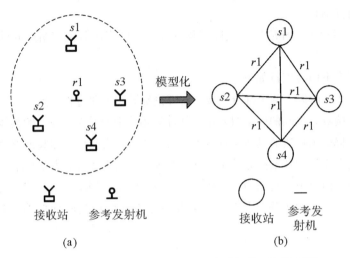

图5-1　单参考发射机下多接收站点的拓扑图和模型图

其中，TOA_i^{10}、TOA_j^{10} 是参考发射机 $r1$ 到接收站点 i、j 的真实 TOA 值（无噪声情况，只和参考发射机与接收站点之间的视距距离有关），τ_i^m、τ_j^m 分别是接收站点 i、j 与标准时间（标准时间设为 0）相比的固定时间偏差（只与接收站点本身特性有关），η_i^1、η_j^1 是接收站点 i、j 由热噪声引起的随机误差量。

由式（5-1），可得到接收站点 i、j 间的 TDOA：

$$\begin{aligned}\text{TDOA}_{j,i}^1 &= \text{TOA}_j^1 - \text{TOA}_i^1 = (\text{TOA}_j^{10} - \text{TOA}_i^{10}) + (\tau_j^m - \tau_i^m) + (\eta_j^1 - \eta_i^1) \\ &= TDOA_{j,i}^{10} + \tau_{j,i}^m + \eta_{j,i}^1 \end{aligned} \qquad (5\text{-}2)$$

其中，$\text{TDOA}_{j,i}^{10} = (\text{TOA}_j^{10} - \text{TOA}_i^{10})$，是已知量（参考发射机和接收站点的精确坐标已知），$\tau_{j,i}^m = (\tau_j^m - \tau_i^m)$ 是接收站点 i、j 的 TDOA 形式的固定时间偏差，也是实际 MLAT 系统中的待求量，$\eta_{j,i}^1 = (\eta_j^1 - \eta_i^1)$ 是由噪声所引起的随机误差。基于此，单参考发射机情况下接收站点 i、j 之间的固定时间偏差的估计为

$$\hat{\tau}_{j,i}^m = \text{TDOA}_{j,i}^1 - \text{TDOA}_{j,i}^{10} = \tau_{j,i}^m + \eta_{j,i}^1 \qquad (5\text{-}3)$$

在热噪声是高斯白噪声的情况下，$\hat{\tau}_{j,i}^m$ 是接收站点 i、j 之间的固定时间偏差的最大似然估计，我们可得到式（5-3）中的信噪比：$\text{SNR}_{j,i}^m = \dfrac{E\{[\tau_{j,i}^m]^2\}}{E\{[\eta_{j,i}^1]^2\}}$。

实际中当所有的接收站点都能收到参考发射机的发射信号时，就可通过式（5-3）估计出接收站点间的固定时间偏差并在中心站中进行补偿，以避免对定位算法的不利影响。

由以上分析可看出，通过参考发射机 $r1$，我们就可估计出其覆盖区域内接收站点 $s1$、$s2$、$s3$ 和 $s4$ 两两之间的固定时间偏差。为了方便分析，我们将上

述情况模型化为图论理论中的一张图：图中节点是接收站点，图的连接线表示接收站点所能接收到的参考发射机编号。具体可见图 5-1（b）。

5.2.2　增益性证明

这里的增益性是指当多个接收站点均能收到多个参考发射机的发射信号时，将会提高接收站点间的固定时间偏差的估计精度，且估计性能与参考发射机数目有关。

设参考发射机数目为 N，各个参考发射机覆盖区域的重叠部分内的接收站点数目设为 M［如图 5-2（a）所示，3 个参考发射机 $r1$、$r2$、$r3$，接收站点 $s1$、$s2$ 位于 3 个参考发射机覆盖区域的重叠部分内］。覆盖区域的重叠部分内第 i 个接收站点所测量的 N 个参考发射机的 TOA 表示如下：

$$\begin{cases} \text{TOA}_i^1 = \text{TOA}_i^{10} + \tau_i^m + \eta_i^1 \\ \text{TOA}_i^2 = \text{TOA}_i^{20} + \tau_i^m + \eta_i^2 \\ \qquad\qquad \vdots \\ \text{TOA}_i^N = \text{TOA}_i^{N0} + \tau_i^m + \eta_i^N \end{cases} \qquad (5-4)$$

同理，覆盖区域的重叠部分内第 j 个接收站点所测量的 N 个参考发射机的 TOA 可表示为

$$\begin{cases} \text{TOA}_j^1 = \text{TOA}_j^{10} + \tau_j^m + \eta_j^1 \\ \text{TOA}_j^2 = \text{TOA}_j^{20} + \tau_j^m + \eta_j^2 \\ \qquad\qquad \vdots \\ \text{TOA}_j^N = \text{TOA}_j^{N0} + \tau_j^m + \eta_j^N \end{cases} \qquad (5-5)$$

则可获得接收站点 i 和 j 在接收到 N 个参考发射机情况下的 TDOA：

$$\begin{cases} \text{TDOA}_{j,\,i}^1 = \text{TDOA}_{j,\,i}^{10} + \tau_{j,\,i}^m + \eta_{j,\,i}^1 \\ \text{TDOA}_{j,\,i}^2 = \text{TDOA}_{j,\,i}^{20} + \tau_{j,\,i}^m + \eta_{j,\,i}^2 \\ \qquad\qquad\qquad \vdots \\ \text{TDOA}_{j,\,i}^N = \text{TDOA}_{j,\,i}^{N0} + \tau_{j,\,i}^m + \eta_{j,\,i}^N \end{cases} \qquad (5-6)$$

其中 $\text{TDOA}_{j,\,i}^{n0}$，$n = 1 \sim N$ 为已知量，$\tau_{j,\,i}^m = (\tau_j^m - \tau_i^m)$ 是第 i 个接收站点和第 j 个接收站点之间的固定时间偏差（待求量，只与接收站点 i、j 的本身性质有关）。$\eta_{j,\,i}^n (n = 1 \sim N)$ 是第 i 个接收站点和第 j 个接收站点之间由热噪声引起的随机量［由于各个参考发射机到接收站点 i、j 的距离不一样，则当热噪声是白噪声时，$\eta_{j,\,i}^n (n = 1 \sim N)$ 相互之间统计独立。］

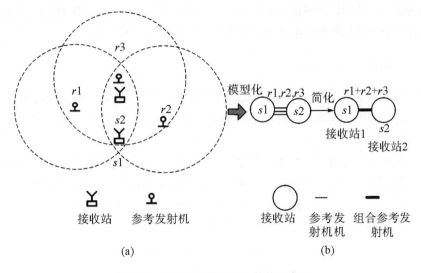

图 5-2 多参考发射机增益性的示意图

实际中由于 $\mathrm{TDOA}_{j,i}^{p0}$ 为已知量,因而我们可直接通过式(5-3)分别得到 N 个参考发射机情况下接收站点 i、j 之间的固定时间偏差的表达式:

$$\begin{cases} \hat{\tau}_{j,i}^{m,1} = \tau_{j,i}^{m} + \eta_{j,i}^{1} \\ \hat{\tau}_{j,i}^{m,2} = \tau_{j,i}^{m} + \eta_{j,i}^{2} \\ \qquad\vdots \\ \hat{\tau}_{j,i}^{m,N} = \tau_{j,i}^{m} + \eta_{j,i}^{N} \end{cases} \tag{5-7}$$

由式(5-7)可得到 N 个参考发射机情况下接收站点 i、j 之间固定时间偏差的估计量:

$$\hat{\tau}_{j,i}^{m,1-N} = \frac{1}{N}\sum_{p=1}^{N}\hat{\tau}_{j,i}^{m,p} = \tau_{j,i}^{m} + \frac{1}{N}\sum_{p=1}^{N}\eta_{j,i}^{p} \tag{5-8}$$

设各个接收站点的热噪声统计特性相同(均值为零的白噪声),由前述可知 $\eta_{j,i}^{n}(n = 1 \sim N)$ 之间统计独立,即有 $E\{\eta_{j,i}^{p}\} = 0$,$E\{\eta_{j,i}^{p}\eta_{j,i}^{q}\} = $ $\begin{cases} E\{\eta_{j,i}^{p}\}E\{\eta_{j,i}^{q}\} = 0, & \text{if } p \neq q \\ E\{[\eta_{j,i}^{p}]^{2}\} = E\{[\eta_{j,i}^{q}]^{2}\}, & \text{else} \end{cases}$ 。显然,在这种情况下,相较于单参考发射机情况下的式(5-3),式(5-8)中的信噪比为 $\mathrm{SNR}_{j,i}^{m,1-N} = \dfrac{NE\{[\tau_{j,i}^{m}]^{2}\}}{E\{[\eta_{j,i}^{p}]^{2}\}} = $ $N\mathrm{SNR}_{j,i}^{m}$,即相较于单参考发射机,信噪比提高了 N 倍,这可直接提高 $\tau_{j,i}^{m}$ 的估计精度。

由以上推导可得出以下结论：与单参考发射机情况下相比，当多个接收站点落在多参考发射机覆盖区域的重叠范围内时，将会提高接收站点间的固定时间偏差的信噪比（增大倍数是参考发射机的数目），从而提高估计精度，本章将这种特性称之为增益性。

设接收站点的噪声方差为 σ_s^2，则可推导出当存在增益性时，接收站点间的固定时间偏差的估计方差（本章称之为路径方差）σ_g^2，即 $\sigma_g^2 = \dfrac{2\sigma_s^2}{n}$，这里的 n 是接收站点所能接收到的参考发射机数量。

实际中增益性的工程意义在于：当接收站点间的固定时间偏差的估计精度达不到工程要求时，可通过适当调整参考发射机或接收站点的位置，或增加参考发射机数目的方法来提高估计性能。

5.2.3　桥接性证明

设多个接收站点与多个参考发射机之间存在图 5-3（a）的关系，图 5-3（a）中中间的接收站点能够接收到两个参考发射机的信号（如接收站点 2 收到参考发射机 $r1$、$r2$ 的信号，接收站点 3 收到参考发射机 $r2$、$r3$ 的信号）。接收到参考发射机 $r1$ 和 $r2$ 的接收站点 $s1$ 的 TOA 可表示为

$$\begin{cases} \text{TOA}_{s1}^{r1} = \text{TOA}_{s1}^{r10} + \tau_{s1}^{m} + \eta_{s1}^{r1} \\ \text{TOA}_{s1}^{r2} = \text{TOA}_{s1}^{r20} + \tau_{s1}^{m} + \eta_{s1}^{r2} \end{cases} \tag{5-9}$$

同时接收到参考发射机 $r2$ 和 $r3$ 的接收站点 $s2$ 的 TOA 为

$$\begin{cases} \text{TOA}_{s2}^{r2} = \text{TOA}_{s2}^{r20} + \tau_{s2}^{m} + \eta_{s2}^{r2} \\ \text{TOA}_{s2}^{r3} = \text{TOA}_{s2}^{r30} + \tau_{s2}^{m} + \eta_{s2}^{r3} \end{cases} \tag{5-10}$$

能同时接收到参考发射机 $r3$ 和 $r4$ 的接收站点 $s3$ 的 TOA 为

$$\begin{cases} \text{TOA}_{s3}^{r3} = \text{TOA}_{s3}^{r30} + \tau_{s3}^{m} + \eta_{s3}^{r3} \\ \text{TOA}_{s3}^{r4} = \text{TOA}_{s3}^{r40} + \tau_{s3}^{m} + \eta_{s3}^{r4} \end{cases} \tag{5-11}$$

按照前述，上式可分别估计出接收站点 $s1$、$s2$ 和 $s2$、$s3$ 之间的固定时间偏差

$$\begin{cases} \hat{\tau}_{s2,\,s1}^{m,\,r2} = (\tau_{s2}^{m} - \tau_{s1}^{m}) + (\eta_{s2}^{r2} - \eta_{s1}^{r2}) = \tau_{s2,\,s1}^{m} + \eta_{s2,\,s1}^{r2} \\ \hat{\tau}_{s3,\,s2}^{m,\,r3} = (\tau_{s3}^{m} - \tau_{s2}^{m}) + (\eta_{s3}^{r3} - \eta_{s2}^{r3}) = \tau_{s3,\,s2}^{m} + \eta_{s3,\,s2}^{r3} \end{cases} \tag{5-12}$$

其中，$\tau_{s2,\,s1}^{m} = (\tau_{s2}^{m} - \tau_{s1}^{m})$，$\tau_{s3,\,s2}^{m} = (\tau_{s3}^{m} - \tau_{s2}^{m})$，$\eta_{s2,\,s1}^{r2} = (\eta_{s2}^{r2} - \eta_{s1}^{r2})$，$\eta_{s3,\,s2}^{r3} = (\eta_{s3}^{r3} - \eta_{s2}^{r3})$。实际中还需要对 $s1$、$s3$ 之间的固定偏差进行估计，由于 $s1$、$s3$ 没有共同收到的参考发射机，但通过式（5-12）可间接获得 $s1$、$s3$ 之间的固定偏差估计值：

$$\hat{\tau}_{s3,\,s1}^{m,\,r3r2} = \hat{\tau}_{s3,\,s2}^{m,\,r3} + \hat{\tau}_{s2,\,s1}^{m,\,r2} =$$

$$(\tau_{s2}^m - \tau_{s1}^m) + (\eta_{s3}^{r3} - \eta_{s1}^{r3}) + (\tau_{s3}^m - \tau_{s2}^m) + (\eta_{s2}^{r2} - \eta_{s1}^{r2}) =$$

$$(\tau_{s3}^m - \tau_{s1}^m) + (\eta_{s3}^{r3} - \eta_{s2}^{r3}) + (\eta_{s2}^{r2} - \eta_{s1}^{r2}) \qquad (5\text{-}13)$$

由式（5-13）可看出，虽然 s1、s3 不在同一个参考发射机覆盖范围内，但由于接收站点 s2 同时处于参考发射机 r1 和 r2 的覆盖范围内，对 s1、s3 之间的固定时间偏差的估计起到了一种辅助作用，就如一座桥将 s1 和 s3 连接起来，本章称这种现象为多参考发射机的桥接性。

可计算出式（5-13）中的信噪比为：$\mathrm{SNR}_{j,\,i}^{m,\,b} = \dfrac{E\{[\tau_{j,\,i}^m]^2\}}{2E\{[\eta_{j,\,i}^p]^2\}} = \dfrac{1}{2}\mathrm{SNR}_{j,\,i}^m$。

显然，当各个接收站点热噪声特性相同时，相较于单参考发射机形式，式（5-13）中 s1、s3 的固定时间偏差的信噪比下降了三分之二。

由此我们可以得出结论：在图 5-3 中，我们可通过多参考发射机的"桥接性"来估计任意接收站点间的固定时间偏差，估计精度与桥接数量成反比。图 5-3（a）可模型化为图 5-3（b）。设接收站点的噪声方差为 σ_s^2，则可推导当存在桥接性情况时，接收站点间的固定时间偏差的估计方差 σ_b^2（σ_b^2 也是路径方差）为：$\sigma_b^2 = 2(m-1)\sigma_s^2$。这里的 m 为接收站点数。虽然桥接性可方便对接收站点间固定时间偏差的估计，但也会引入"桥上"多个接收站点的噪声，造成估计精度的降低。

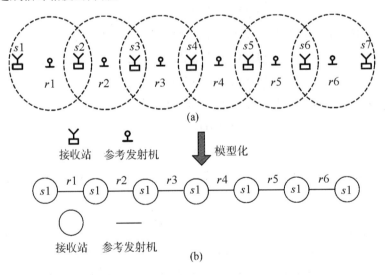

图 5-3　多参考发射机的桥接性

5.2.4　数学模型的建立

由于多参考发射机与多接收站点之间的任意拓扑关系都可由单参考发射机连接、多参考发射机桥接和多参考发射机增益这三种基本形式构成，我们可将实际中多参考发射机及多接收站点的复杂拓扑结构模型化为图论中图的节点与路径关系，并将任意接收站点间的最佳固定时间偏差估计问题转化为图的最短路径问题。这里以图5-4为例来进行推导：图5-4（a）表示多个参考发射机及多个接收站点间的拓扑关系，图5-4（b）表示对应的图结构。

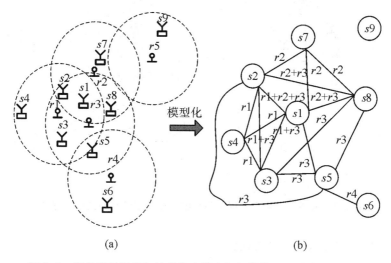

(a)　　　　　　　　　　　　　(b)

图5-4　多参考发射机与接收站点的实际拓扑关系及对应的图结构

显然，当将参考发射机与接收站点之间的拓扑关系模型化为图论中节点与路径的关系时，节点间的路径连通性表明了实现接收站点间的固定时间偏差估计的可能性，路径的权重表示估计的精度。

由图5-4（b）所示，节点之间存在多条连通路径，这表明接收站点之间会存在多个固定时间偏差估计量，例如图中节点2（接收站点2）和节点8（接收站点8）之间就有2-5-8、2-4-3-8、2-8、2-1-8等具有不同权重的连通路径。这些路径都可以估计出接收站点2、8之间的固定时间偏差。显然，接收站点间的最优时间偏差估计问题将等价于对应图中的最短路径问题。

从以上推导可以看出，要实现对任意接收站点间的固定时间偏差的估计，则参考发射机的位置布局必须要使得模型化后的图为连通图。例如，在图5-4中，参考发射机 $r5$ 设置不当，使得接收站点 $s9$ 与其他接收站点之间无法进行固定偏差估计。在图5-5（ a ）中，我们可将 $r5$ 移动到合适的位置，则对应的

图 5-5（b）中就是一个全连通图，这表明可实现 $s9$ 与其他接收站点之间的时间偏差估计。与上面的推导类似，我们可推出图 5-4 和图 5-5 中的固定时间偏差估计的估计方差 σ_{gb}^2，即 $\sigma_{gb}^2 = \sum_{i=1}^{p} \sigma_{gi}^2$。其中，$\sigma_{gi}^2$ 为路径方差，p 为节点间的路径数。

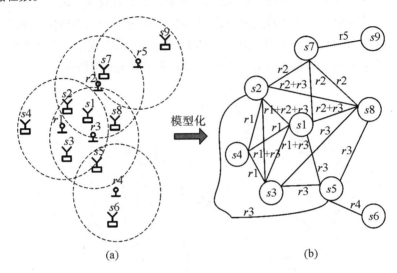

$$(a) \qquad\qquad (b)$$

图 5-5　改进的多参考发射机与接收站点的实际布局及对应图结构

5.2.5　实际工程中的实现算法

基于前述所推导出的原理，我们设计了一种利用多参考发射机来实现多个接收站点间的固定时间偏差估计的算法，可在实际工程中进行应用。

算法步骤如下：

（1）根据各个接收站点所收到参考发射机的情况，以参考发射机为基本单元形成一个接收特性矩阵（二维表）和 TDOA 矩阵。它们分别表示所有接收站点所收到某参考发射机的情况（接收特性矩阵中值为 1 表示接收到该参考发射机，0 表示未接收到）和对应的 TDOA 值。例如，图 5-4 中有 5 个参考发射机，则有 5 个接收特性矩阵和 5 个 TDOA 矩阵。

（2）将所有的接收特性矩阵线性相加，形成与全部参考发射机有关的全局接收特性矩阵。

（3）将全部的 TDOA 矩阵线性相加，形成全局 TDOA 矩阵，并将全局 TDOA 矩阵中的各个元素除以步骤（2）所形成的全局接收特性矩阵的值（注：分子或分母为 0 时，结果为零）。

（4）将全局接收特性矩阵内的所有单元取倒数（在 0 做分母的情况下定义一个足够大的整数），所得结果被称为全局接收权重矩阵。

（5）对全局接收特性矩阵进行如下归一化处理：将大于 0 的元素值设定为 1，等于 0 的保持不变。也就是，处理后矩阵中的元素只有 0 和 1。

（6）基于归一化的全局接收特性矩阵和全局连通权重矩阵，使用最小路径算法获得任意节点的权重最短路径。

（7）根据最短路径内各个节点（接收站点）的情况，在对应的 TDOA 矩阵中寻找 TDOA 值并相加，即可获得对应的接收站点间的固定偏差估计值。

以上运算可安排在中心处理站内完成，上述运算步骤中计算量最大的是最小路径算法。考虑到接收站点间的固定偏差是时间缓变量，所以对估计处理的实时性要求不严，不会增加太多的中心处理站负担。

5.3　仿真实验

仿真以图 5-4 为场景，设站点 1、站点 2、站点 3、站点 4、站点 5、站点 6、站点 7、站点 8、站点 9 的固定延迟量分别为 0ns，10ns，20ns，30ns，40ns，50ns，60ns，70ns，80ns。同时各个接收站点热噪声的统计特性相同，都为均值为零、方差为 4ns 的高斯白噪声。本书使用 Dijkstra 算法来获得最短路径[154]。仿真中蒙特卡罗次数为 10 000 次。

按照图 5-4（b）中的结构和上述的算法步骤，分别得到各个参考发射机所对应的接收特性矩阵如表 5-1 至表 5-5 所示：

表 5-1　参考发射机 $r1$ 的接收特性矩阵

站点	$s1$	$s2$	$s3$	$s4$	$s5$	$s6$	$s7$	$s8$	$s9$
$s1$	0	1	1	1	0	0	0	0	0
$s2$	1	0	1	1	0	0	0	0	0
$s3$	1	1	0	1	0	0	0	0	0
$s4$	1	1	1	0	0	0	0	0	0
$s5$	0	0	0	0	0	0	0	0	0
$s6$	0	0	0	0	0	0	0	0	0
$s7$	0	0	0	0	0	0	0	0	0
$s8$	0	0	0	0	0	0	0	0	0
$s9$	0	0	0	0	0	0	0	0	0

注：0 表示无连通，1 表示连通。

表 5-2　参考发射机 $r2$ 的接收特性矩阵

站点	$s1$	$s2$	$s3$	$s4$	$s5$	$s6$	$s7$	$s8$	$s9$
$s1$	0	1	0	0	0	0	1	1	0
$s2$	1	0	0	0	0	0	1	1	0
$s3$	0	0	0	0	0	0	0	0	0
$s4$	0	0	0	0	0	0	0	0	0
$s5$	0	0	0	0	0	0	0	0	0
$s6$	0	0	0	0	0	0	0	0	0
$s7$	1	1	0	0	0	0	0	1	0
$s8$	1	1	0	0	0	0	1	0	0
$s9$	0	0	0	0	0	0	0	0	0

注：0 表示无连通，1 表示连通。

表 5-3　参考发射机 $r3$ 的接收特性矩阵

站点	$s1$	$s2$	$s3$	$s4$	$s5$	$s6$	$s7$	$s8$	$s9$
$s1$	0	1	1	0	1	0	0	1	0
$s2$	1	0	1	0	1	0	0	1	0
$s3$	1	1	0	0	1	0	0	1	0
$s4$	0	0	0	0	0	0	0	0	0
$s5$	1	1	1	0	0	0	0	1	0
$s6$	0	0	0	0	0	0	0	0	0
$s7$	0	0	0	0	0	0	0	0	0
$s8$	1	1	1	0	1	0	0	0	0
$s9$	0	0	0	0	0	0	0	0	0

注：0 表示无连通，1 表示连通。

表 5-4　参考发射机 $r4$ 的接收特性矩阵

站点	$s1$	$s2$	$s3$	$s4$	$s5$	$s6$	$s7$	$s8$	$s9$
$s1$	0	0	0	0	0	0	0	0	0
$s2$	0	0	0	0	0	0	0	0	0
$s3$	0	0	0	0	0	0	0	0	0
$s4$	0	0	0	0	0	0	0	0	0
$s5$	0	0	0	0	0	1	0	0	0
$s6$	0	0	0	0	1	0	0	0	0

表5-4(续)

站点	s1	s2	s3	s4	s5	s6	s7	s8	s9
s7	0	0	0	0	0	0	0	0	0
s8	0	0	0	0	0	0	0	0	0
s9	0	0	0	0	0	0	0	0	0

注：0 表示无连通，1 表示连通。

表 5-5　参考发射机 $r5$ 的接收特性矩阵

站点	s1	s2	s3	s4	s5	s6	s7	s8	s9
s1	0	0	0	0	0	0	0	0	0
s2	0	0	0	0	0	0	0	0	0
s3	0	0	0	0	0	0	0	0	0
s4	0	0	0	0	0	0	0	0	0
s5	0	0	0	0	0	0	0	0	0
s6	0	0	0	0	0	0	0	0	0
s7	0	0	0	0	0	0	0	0	0
s8	0	0	0	0	0	0	0	0	0
s9	0	0	0	0	0	0	0	0	0

注：0 表示无连通，1 表示连通。

根据前述实现算法步骤（2），将上述所有的接收特性矩阵相加，得到全局接收特性矩阵如表 5-6 所示。

表 5-6　全局接收特性矩阵

站点	s1	s2	s3	s4	s5	s6	s7	s8	s9
s1	0	3	2	1	1	0	1	2	0
s2	3	0	2	1	1	0	1	2	0
s3	2	2	0	1	1	0	0	1	0
s4	1	1	1	0	0	0	0	0	0
s5	1	1	1	0	0	1	0	1	0
s6	0	0	0	0	1	0	0	0	0
s7	1	1	0	0	0	0	0	1	0
s8	2	2	1	0	1	0	1	0	0
s9	0	0	0	0	0	0	0	0	0

注：0 表示无连通，非零整数表示接收到的参考发射机个数。

按照前述算法步骤（4），可计算全局接收权重矩阵及归一化的全局接收特性矩阵，分别见表5-7和表5-8。（定义当0做分母时的结果为100.0）。

表5-7　全局接收权重矩阵

站点	$s1$	$s2$	$s3$	$s4$	$s5$	$s6$	$s7$	$s8$	$s9$
$s1$	100.0	0.3	0.5	1.0	1.0	100.0	100.0	0.3	0.5
$s2$	0.3	100.0	0.5	1.0	1.0	100.0	0.3	100.0	0.5
$s3$	0.5	0.5	100.0	1.0	1.0	100.0	0.5	0.5	100.0
$s4$	1.0	1.0	1.0	100.0	100.0	100.0	1.0	1.0	1.0
$s5$	1.0	1.0	1.0	100.0	100.0	1.0	1.0	1.0	1.0
$s6$	100.0	100.0	100.0	1.0	1.0	100.0	100.0	100.0	100.0
$s7$	1.0	1.0	100.0	1.0	100.0	100.0	1.0	1.0	100.0
$s8$	0.5	0.5	1.0	1.0	1.0	100.0	0.5	0.5	1.0
$s9$	100.0	100.0	100.0	100.0	100.0	100.0	100.0	100.0	100.0

注：分母是0的值设置为100，1/3约等于0.3。

表5-8　归一化的全局接收特性矩阵

站点	$s1$	$s2$	$s3$	$s4$	$s5$	$s6$	$s7$	$s8$	$s9$
$s1$	0	1	1	1	1	0	1	1	0
$s2$	1	0	1	1	1	0	1	1	0
$s3$	1	1	0	1	1	0	0	1	0
$s4$	1	1	1	0	0	0	0	0	0
$s5$	1	1	1	0	0	1	0	1	0
$s6$	0	0	0	1	1	0	0	0	0
$s7$	1	1	0	0	0	0	0	1	0
$s8$	1	1	1	0	1	0	1	0	0
$s9$	0	0	0	0	0	0	0	0	0

注：0表示无联通，1表示联通。

表5-9是无噪声情况下接收站点间的TDOA值。由表5-9可以看到，有些接收站点间是没有直接的TDOA值的，因此必须通过图的连通路径查找方式，间接找到对应的TDOA。

表 5-9　参考发射机的 TDOA 矩阵（无噪声情况）

站点	s1	s2	s3	s4	s5	s6	s7	s8	s9
s1	*	10	20	30	40	*	60	70	*
s2	-10	*	10	20	30	*	50	60	*
s3	-20	-10	*	10	20	*	*	50	*
s4	-30	-20	-10	*	*	*	*	*	*
s5	-40	-30	-20	*	*	10	*	30	*
s6	*	*	*	*	-10	*	*	*	*
s7	-60	-50	*	*	*	*	*	10	*
s8	-70	-60	-50	*	-30	*	-10	*	*
s9	*	*	*	*	*	*	*	*	*

注：* 表示无连通路径，单位为 ns。

由前述算法步骤（6），我们通过全局连通权重矩阵和归一化的全局接收特性矩阵，利用最短路径算法，可找到接收站点间的固定时间偏差的最佳估计。例如，由表 5-10 可知，接收站点 7 和 6 之间的 TDOA 固定偏差可通过接收站点 7 与接收站点 1（通过参考发射机 $r2$ 连通）、接收站点 1 与接收站点 5（通过参考发射机 $r3$ 连通）、接收站点 5 与接收站点 6（通过参考发射机 $r4$ 连通）之间的 TDOA 估计值获得，即 $\hat{\tau}_{s7,s6}^{m,r2r3r4} = \hat{\tau}_{s7,s1}^{m,r2} + \hat{\tau}_{s1,s5}^{m,r3} + \hat{\tau}_{s5,s6}^{m,r4}$。

表 5-10　接收站点间的进行时间偏差估计的最佳路径（数字表示接收站点编号）

站点	s1	s2	s3	s4	s5	s6	s7	s8	s9
s1	*	2,1	3,1	4,1	5,1	6,5,1	7,1	8,1	*
s2	1,2	*	3,2	4,2	5,2	6,5,2	7,2	8,2	*
s3	1,3	2,3	*	4,3	5,3	6,5,3	7,1,3	8,3	*
s4	1,4	2,4	3,4	*	5,1,4	6,5,1,4	7,1,4	8,1,4	*
s5	1,5	2,5	3,5	4,1,5	*	6,5	7,1,5	8,5	*
s6	1,5,6	2,5,6	3,5,6	4,1,5,6	5,6	*	7,1,5,6	8,5,6	*
s7	1,7	2,7	3,1,7	4,1,7	5,1,7	6,5,1,7	*	8,7	*
s8	1,8	2,8		4,1,8	5,8	6,5,8	7,8	*	*
s9	*	*	*	*	*	*	*	*	*

注：* 表示无连通路径。

表 5-11　接收站点间的固定时间偏差的估计方差（10 000 次蒙特卡洛实验）

站点	s1	s2	s3	s4	s5	s6	s7	s8	s9
s1	*	2.72	4.02	7.99	8.17	16.08	8.03	4.02	*
s2	2.72	*	4.05	8.02	7.80	16.28	7.98	3.95	*
s3	4.02	4.05	*	7.98	8.02	15.92	**12.01**	7.88	*
s4	7.99	8.02	7.98	*	15.6	24.20	16.08	12.23	*
s5	8.17	7.80	8.02	15.6	*	7.93	15.95	7.96	*
s6	16.08	16.28	15.92	24.20	7.93	*	24.67	15.79	*
s7	8.03	7.98	**12.01**	16.08	15.95	24.67	*	8.18	*
s8	4.02	3.95	7.88	12.23	7.96	15.79	8.18	*	*
s9	*	*	*	*	*	*	*	*	*

注：*表示无联通路径。

根据图 5-4 中和所对应表 5-11 中的方差性质，我们可将接收站点间的固定时间偏差估计的情况分为两类：

（1）方差值小于 8，这表明两个接收站点能够接收到同一个参考发射机的信号，从而可直接进行估计。当可收到的参考发射机数目大于 1 时，增益性将会出现，从而提高估计精度。根据前面所提到的方差公式：$\sigma_g^2 = \dfrac{2\sigma_s^2}{n}$，具体表现在：

①方差值在 2.67 附近，这是两个接收站点同时收到 3 个参考发射机的信号而获得增益性的结果（接收站点的噪声方差 $\sigma_s^2 = 4$，两个接收站点间的固定偏差估计的方差 $2\sigma_s^2 = 8$，则有 8/3＝2.67），例如表 5-11 中的 s1 和 s2，也可参见图 5-4（b）中 s1 和 s2 的路径数目。

②方差值在 4 附近，这是接收站点间同时收到 2 个参考发射机而获得增益性的结果，如表 5-10 中的 s1 和 s2、s1 和 s8、s2 和 s8 等。

③方差值在 8/1＝8 附近，这是两个接收机只收到一个参考发射机的信号的情况，如图 5-14 中的 s1 和 s4、s7 和 s8 等。

（2）方差值大于 8，这表明两个接收站点没有接收到同一个参考发射机的信号，从而只能利用桥接性进行间接估计。这里需应用到本书所提出的方差公式：$\sigma_{gb}^2 = \sum\limits_{i=1}^{p} \sigma_{gi}^2$。具体表现在：

①方差值在 12 附近，例如 s3 和 s7，此时由表 5-9，我们注意到它们的路径是 s7↔s1↔s3，由于 s7↔s1 路径方差的理论值是 8，而 s1↔s3 路径方差的理

论为 4，则 $s7{\leftrightarrow}s1{\leftrightarrow}s3$ 的路径方差是 8+4=12，同样的情况还有 $s4$ 与 $s8$。

②方差值在 16 附近，例如 $s4$ 和 $s5$，它们的路径是 $s5{\leftrightarrow}s1{\leftrightarrow}s4$，因为 $s5{\leftrightarrow}s1$、$s1{\leftrightarrow}s4$ 的路径方差都是 8，则 $s5{\leftrightarrow}s1{\leftrightarrow}s4$ 的路径方差为 8+8=16。

③方差值在 24 附近，例如 $s6$ 和 $s7$，它们的路径是 $s7{\leftrightarrow}s1{\leftrightarrow}s5{\leftrightarrow}s6$，$s7{\leftrightarrow}s1$、$s1{\leftrightarrow}s5$、$s5{\leftrightarrow}s6$ 的路径方差均为 8，则 $s7{\leftrightarrow}s1{\leftrightarrow}s5{\leftrightarrow}s6$ 的路径方差为 24。

5.4　本章小结

对于大型机场中的 MLAT 监视系统来说，通过单参考发射机来实现全部接收站点间的固定时间偏差的估计是难以实现的。本章提出了一种采用多参考发射机来实现 MLAT 系统同步的方法，并推导出了几个相关的性质，设计了工程的实现算法，并利用仿真实验验证了所提方法、性质和实现算法的正确性。

在无源多点定位中，原先定位精度只取决于目标与接收站点的相对位置（单参考发射机情况下，参考发射机的位置与定位精度无关）。在多参考发射机的情况下，通过增益性及桥接性的证明，本章发现了定位精度还与参考发射机的数目及其与接收站点之间的相对布局有关。如何选择尽可能少的参考发射机数目以获得满足要求的时间偏差估计精度以及在参考发射机数目确定的情况下，选择合理的站点布局，以获得达到要求的定位精度，是我们下一步要研究的方向。

6 研究总结和展望

6.1 研究总结

　　针对低空及场面的监视，各国都开展了一系列相关研究，如美国的先进的滑行道引导系统计划（ATGS）、跑道入侵程序计划（RIRP），欧洲的机场协同决策应用（CDM）等。其中，国际民航组织（ICAO）所提出的先进场面活动引导和控制系统（A-SMGCS）尤其引起了民航业的关注，民航业针对该概念做了大量的理论和实验研究工作。在这些新技术中，MLAT 和 ADS-B（automatic dependent suveilliance-broadcat）是处于核心地位的新一代监视技术，我国为此制定了新技术推广应用的近期、中期和远期规划。

　　在中国民用航空总局第二研究所进行博士后工作期间，笔者进行了有关 MLAT 工程系统的研发工作，亲自参与了以下工作：MLAT 系统的工程样机组装；双流基地的验证实验；验证系统在桂林两江国际机场的设计和调试；中国民航专用设备使用许可证的获取过程；在多个机场安装 MLAT 系统。本书是对笔者参与 MLAT 系统的一个理论上的总结。

　　对于一些具体工程上的实践和设计，本书没有涉及，这是因为：

　　（1）笔者认为博士后阶段的工作应注重解决一些工程上的理论问题，常规已成熟技术不须赘述。

　　（2）许多具体工程上的设计方案需要大量的现场调试，这仅是一些经验和体力过程，没有必要在书中呈现。

　　（3）一些技术细节属于博士后工作站单位的商业秘密，笔者无权在这里泄露。

　　本书在理论上的创新有如下几个部分：

　　（1）根据机场场面的特点，在经典的 Chan 算法基础上，笔者设计了一种带固定高度的改进型二维定位算法，并对其进行了详细的理论分析和实测数据验证。理论分析和实测实验均表明：相较于传统的三维 Chan 定位算法，该算法的定位精度和鲁棒性均有较大的提高；同时，相较于三维定位算法，该算法只需 3 个接收站点即可进行定位，特别适合作为机场场面 MLAT 系统的定位算法。

（2）根据机场管制人员的要求，笔者设计了一种适合于 MLAT 系统的目标静止/运动状态检验算法，该算法可有效地消除 GDOP 对检验效果的影响。通过调节数据窗口大小，该算法可满足不同性能要求。

（3）根据已有的直角坐标系运动模型，笔者推导出了 TDOA 形式的运动模型，并设计了相应的 NLOS 消除滤波器。仿真和实测数据表明，该方法比传统的 TDOA 运动模型的效果更为优良。

（4）利用作为校正的参考发射机，笔者提出了一种基于多参考发射机的 MLAT 系统同步方法。该方法将多个参考发射机与多个接收站点的相互影响模型化为图论中的节点和连接线，并可通过最短路径算法求出系统内任意两两接收站点间的最优时间误差估计，在对其进行补偿后即可实现两两接收站点间的同步。仿真结果验证了该方法的正确性和合理性，该方法可作为下一代适用于大型机场场面监视 MLAT 系统的同步备选方案。

（5）笔者提出了一种适合于 A/C 和 S 模式的交叠信号中寻找热噪声的方法，该方法可以有效地提取出热噪声数据，以便于后续的检测和估计。

（6）笔者提出了一种基于幅度组合的交叠信号消除方法，该方法基于聚类的思想，在满足一定的条件下，可从有多个 A/C 和 S 模式的混叠信号恢复到原有的信号，可有效地提高 A/C 和 S 模式下的解码能力。

囿于时间、精力及笔者能力，有一些实际遇到的问题未能很好地解决，这些问题包括：

（1）上述带固定高度的改进 Chan 算法在场面上的绝大部分区域的效果比常规的 Chan 算法要优良，但在起飞和降落阶段，此时飞机的高度与场面高度不符，将会造成所定位轨迹的偏离，偏离程度与机场跑道的几何位置有关。解决思路是结合定位算法，进行校正、切换和融合。

（2）考虑到推导中的泰勒级数近似，本书所推导的 TDOA 状态方程应该只是一种次优模型，如何结合非线性处理来获得最优的 TDOA 状态模型，是值得研究的方向。

（3）在基于多参考发射机的同步中，还有许多理论上的问题没有解决，例如满足定位精度的最小参考发射机数目及其拓扑结构设计；多路径、多动态模型下时延误差量的校正算法设计；如何将 GDOP 与参考发射机同步方法结合，从整体上制定和规划 MALT 系统的误差测度等。

（4）从目前的实测数据来看，MLAT 最大的问题还在于停机坪区域的 NLOS，目前已有的消除 NLOS 技术和方法的效果皆不理想。

在今后的工作中，可以继续进行这方面的工作。

6.2 研究展望

目前，MALT 系统在国内已有商用化产品，下一步的工作是提高系统的鲁棒性和定位精度。这里笔者根据经验，提供一些不成熟的想法：

（1）在停机坪区域内，MLAT 面临着 NLOS 的严重挑战，特别是由于现有接收机使用全向天线且动态范围较大，在处理图 6-1 这样典型机场的 U 形槽结构时，会存在覆盖区域有限、成本较高、安装位置受限和 NLOS 成分较严重等缺点。

图 6-1　典型机场场面的布局

解决思路之一是：在 U 型槽内使用动态范围小、有向天线、数量较多、安装方便的小型廉价接收机。出发点是：在滑行道和跑道等地势平坦宽广、干扰较小的区域使用现有的接收机，而在各个 U 型槽内使用小型接收机。

（2）现有的基于波形幅度的测距已到达理论极限，难以提高，可考虑利用相位差测距，理论上可达到分米级精度，但这就需要解决相位模糊和缠绕问题。

（3）现有基于 GPS 同步的方式难以保证高定位精度，应与多参考发射机同步进行融合，以提高时延误差量的估计精度，并进行补偿。

毫无疑问，上述想法需要更深入的理论研究和实际工程验证，希望对此感兴趣的研究者一起行动起来，共同从事相关的工作。

参考文献

[1] 中国民用航空局. 2019 年民航行业发展统计公报[EB/OL].(2020-06-05) [2021 - 09 - 20]. http://www. caac. gov. CN/XXGK/XXGK/TJS/202006/t20200605_202977.html.

[2] 金文. 场面监视雷达的应用与发展 [J]. 中国民用航空, 2011, (129) 11: 48-50.

[3] KRIZMAN K J, BIEDKA T E. RAPPAPORT T S. Wireless positionlocation: fundamentals, implemen- tation strategies, and sources of error. in Proc [J]. IEEE Vehicular Technology Conference, 1997 (2): 919-923.

[4] 郭震津, 郑宾. 无线传感器网络时钟同步技术的研究与发展 [J]. 2019, 34 (8): 95-99.

[5] 毛永毅, 李明远, 张宝军. 一种 NLOS 环境下的 TOA/AOA 定位算法 [J]. 电子与信息学报, 2009 (1): 37-40.

[6] 冯浩然, 袁睿翁, 慕春棣. 无线网络中基于信号强度的定位及算法比较 [J]. 计算机工程与应用, 2006 (32): 1-3.

[7] 刘文远, 刘慧香, 温丽云, 等. 轻量扩展的射频指纹地图构造方法 [J]. 电子与信息学报, 2018, 40 (2): 306-313.

[8] 卢宇, 刘昌忠, 刘鹏飞. 基于机场地理信息的多传感器融合跟踪 [J]. 光电工程, 2012, 39 (4): 27-31.

[9] 顾春平. 空中交通管制新技术监视新技术简介 [J]. 现代雷达, 2010, 32 (9): 1-7.

[10] EUROCONTROL W H L, NEVEN T J, QUILTE R W, et al. Wide Area Multilatera- tion. report on EATMP TRS 131/04, Version 1. 1 [J]. Eurocontrol, 2005 (8): 1-20.

[11] 张睿, 孔金凤. 机场场面监视技术的比较及发展 [J]. 中国西部科技, 2010 (1): 51-55.

［12］何东林. 多点定位：改善场面协同监视［J］. 交通建设与管理，2010（11）：60-61.

［13］叶晓萌. 先进的场面引导和控制系统在大型机场的应用［J］. 空中交通管理，2007（5）：16-20.

［14］肖靖，孙涛. 新一代民用航空运输系统需要更加灵活高效的空中交通管理系统［J］. 空中交通管理，2006（1）：7-10.

［15］叶晓萌. 浅析 A-SMGCS 系统在新一代空管系统中的地位［J］. 空中交通管理，2008（11）：9-11，16.

［16］KNAPP C H, CARTER G C. The generalized corrlation method for estimation of time delay［J］. IEEE Trans on Acoust, Speech and Signal Processing, 1976（24）：320-327.

［17］GALATI G, ASBARRA M G, LEONARDI M. Multilateration algorithms for time of arrival estimation and target location in airports［C］. European radar conference, 2004：293-296.

［18］李万春，魏平，肖先赐. 一种新的稳健的 TDOA 定位算法［J］. 电子与信息学报，2006，28（11）：19-21.

［19］同济大学计算数学教研室. 现代数值计算［M］. 北京：人民邮电出版社，2013.

［20］陈璋鑫. LOS_ NLOS 无线定位方法研究［D］. 成都：电子科技大学，2009.

［21］FANG B T. Simple Solutions for Hyperbolic and Related Position Fixes［J］. IEEE Trans on Aerospace and Electronic System, 1990, 26（5）：748-753.

［22］FRIEDLANDER B T. A passive Localization Algorithm and Its Accuracy Analysis［J］. IEEE Journal of Oceanic Engineering, 1987, 12（1）：234-245.

［23］SCHAU H C, ROBINSON A Z. Passive source localization employing intersecting spherical surface from time-of-arrival difference［J］. IEEE Trans on Acoustics, Speech, and Signal Processing, 1987, 35（8）：1223-1225.

［24］SMITH J O, ABEL J S. Closed-form least-squares source location estimation from range- difference measurements［J］. IEEE Trans on Acoustics, Speech, and Signal Processing, 1987, 35（12）：1661-1669.

［25］FOY W H. Position-Location Solution by Taylor-Series Estimation［J］. IEEE Trans on Aerospace and Electronic System, 1976, 12（2）：187-194.

［26］CHAN Y T. A simple and Efficient Estimator for Hyperbolic Location

[J]. IEEE Trans on Signal processing, 1994, 42（8）：1905-1915.

［27］CHAN Y T, HANG H Y C, CHING P C. Exact and Approximate Maximum Likelihood Localization Algorithms［J］. IEEE Trans on Vehicular Technology, 2006, 55（1）：10-16.

［28］陈永光，李昌锦，李修和. 三站时差定位的精度分析与推算模型［J］. 电子学报，2004（32）：1452-1455.

［29］杨林，周一宇，徐晖，等. 利用三站 TDOA 及辅助高度信息的空间目标二维定位方法及误差分析［J］. 电子学报，1998（12）：71-74.

［30］钟丹星，邓新蒲，周一宇. 一种基于 WGS-84 地球面模型的卫星测时差定位算法［J］. 宇航学报，2003，24（6）：569-573.

［31］HO K C, CHAN Y T. Geolocation of a Known Altitude Object from TDOA and FDOA Measurement［J］. IEEE Trans on AES, 1997, 33（3）：770-783.

［32］徐自励，刘昌忠，何东林，等. 利用目标气压高度的多点定位算法［J］. 通信技术，2011，(44) 1：55-57.

［33］EUROCAE ED-117. MOPS for Mode S Multilateration Systems for Use in Advanced Surface Movement Guidance and Control Systems（A - SMGCS）（S）. 2003.

［34］MIYAZAKI H, GA T K, UEDA E, et al. Evaluation Results of Multilateration at Narita International Airport［C］. ASP Working Group, 2009.

［35］MIYAZAKI H, KOGA T, UEDA E, et al. Evaluation Results of Airport Surface Multilateration［C］. Proc EIWAC'10, 2010：41-46.

［36］WANG W, JOST T, MENSING C, et al. TOA and TDOA Error Models for NLOS Propagation Based on Outdoor to Indoor Channel Measurement［C］. IEEE Proc WCNC'09, 2009.

［37］GINGRAS D F, GERSTOFT P, GERR N L, et al. Electromagnetic matched field proces-sing for source localization［C］. IEEE Proc ICASSP' 97, 1997（1）：479-482.

［38］ERTEL R B, REED J H. Angle and time of arrival statistics for circular and elliptical scattering models［J］. IEEE Journal on Selected Areas in Communications. 1999, 17（11）：1829-1840.

［39］JAZZAR S A, CAFFERY J, YOU H R. A scattering model based approach to NLOS mitigation in TOA location systems［C］. IEEE Proc. Vehicular Technology Conf, 2002 (2): 861-865.

[40] JAZZAR S A, CAFFERY J J. ML and Bayesian TOA location estimators for NLOS environments. IEEE Proc. Vehicular Technology Conf, 2002 (2): 1178-1181.

[41] BORRAS J, HATRACK P, MANDAYAM N B. Decision theoretic framework for NLOS identification [C]. IEEE Proc. Vehicular Technology Conf. 1998 (2): 1583-1587.

[42] CONG L, ZHUANG W. Non-line-of-sight error mitigation in mobile location [J]. IEEE Trans on Wireless Communications, 2005, 4 (2): 560-573.

[43] RIBA J, URRUELA A. A non-line-of-sight mitigation technique based on ML detection [C]. Proc. IEEE CASSP' 04, 2004 (2): 153-156.

[44] 颜俊, 陈亮, 吴乐南. 基于信号检测法的 NLOS 识别 [J]. 信号处理, 2009, 25 (12): 1847-1852.

[45] KOBAYASHI Q Y, SUDA H. Analysis of Wireless Geolocation in a Non-Line-of-Sight Environ- ment [J]. IEEE Trans on Wireless Communications, 2006, 5 (3): 672-681.

[46] WYLIE M P, HOLTZMAN J. Non-line-of-sight problem in mobile location estimation [C]. IEEE Proc. ICUPC' 96, 1996 (2): 827-831.

[47] CONG L, ZHUANG W. Non-line-of-sight error mitigation in TDOA mobile location [C]. Proc. GLOBECOM' 01, 2001 (2): 680-684.

[48] CHAN Y T, TSUI W Y, SO H C, et al. Time-of-arrival based localization under NLOS conditions [J]. IEEE Trans on Vehicular Technology, 2006, 55 (1): 17-24.

[49] 黄际彦. 非直达波目标定位跟踪的基础理论与算法研究 [D]. 成都: 电子科技大学, 2008.

[50] KHAJEHNOURI N, SAYED A H. A non-line-of-sight equalization scheme for wireless cellular location [C]. Proc. ICASSP' 03, 2003 (6): 549-552.

[51] CHEN P C. Non-line-of-sight error mitigation algorithm in location estimation [C]. Proc. IEEE Wireless Communications Networking Conf, 1999: 316-320.

[52] GEZICI S, SAHINOGLU Z. UWB geolocation techniques for IEEE 802. 15. 4a personal area networks [R]. MERL Technical report, Cambridge, MA, 2004.

[53] NAJAR M, VIDAL J. Kalman Tracking for Mobile Location in NLOS Situations [C]. IEEE Proc on PIMRC' 03, 2003: 2203-2207.

[54] THOMAS N J, CRUICKSHANK D G, LAURENSON M D I. A Robust Location Estimator Architecture with Biased Kalman Filtering of TOA Data for Wireless System [C]. IEEE Proc SSSTA' 00, 2000: 296-300.

[55] YANG C Y, FENG B S C, LIAO K. Mobile Location Estimation Using Fuzzy- Based IMM and Data Fusion [J]. IEEE Trans on MOBILE COMPUTING, 2010, 9 (10): 1424-1436.

[56] CHEN B S, YANG C Y, et al. Mobile Location Estimator in a Rough Wireless Environment Using Extended Kalman-Based IMM and Data Fusion [J]. IEEE Trans on Vehicular Technology, 2009, 58 (3): 1157-1169.

[57] SONG H, SHIN V, JEON M. Mobile Node Localization Using Fusion Prediction-Based Interacting Multiple Model in Cricket Sensor Network [J]. IEEE Trans on Industrial Electronics, 2012, 59 (11): 4349-4359.

[58] LIAO J F, CHEN B S. Robust Mobile Location Estimator with NLOS Mitigation using Interacting Multiple Model Algorithm [J]. IEEE Trans on Wireless Communications, 2006, 5 (11): 3002-3006.

[59] LI W, JIA Y. Location of Mobile Station With Maneuvers Using an IMM-Based Cubature Kalman Filter [J]. IEEE Trans on Industrial Electronics. 2012, 59 (11): 4338-4349.

[60] LI W, JIA Y, DU J P, et al. Distributed Multiple-Model Estimation for Simultaneous Localization and Tracking With NLOS Mitigation [J]. IEEE Trans on Vehicular Technology, 2013, 62 (6): 2824-2830.

[61] ZHANG R, HOFLINGER F B, REINDL L. TDOA-Based Localization Using Interacting Multiple Model Estimator and Ultrasonic Transmitter/Receiver [J]. IEEE Trans on Instrumentation and Measurement, 2013, 62 (8): 2205-2214.

[62] ISMAIL G, CHIA C C. A Survey on TOA Based Wireless Localization and NLOS Mitigation Techniques [J]. IEEE Communications Surveys & Tutorials, 2009, (11) 3: 107-124.

[63] SHARP I, YU K, HEDLEY M. On the GDOP and accuracy for indoor positioning [J]. IEEE Trans on Aerospace and Electronic Systems, 2012, 48 (3): 2032-2051.

[64] 孙有铭, 王金龙, 张摇剑, 等. 噪声功率不确定模型下基于 CFAR 准则的能量检测门限优化算法 [J]. 四川大学学报: 工程科学版, 2014 (46) 6: 1-6.

［65］袁刚才，吴永强，张杰.无源定位系统的快速航迹起始算法 ［J］.系统仿真学报，2005（17）：1484-1496.

［66］袁罡，陈鲸.无源时差定位系统的静止目标聚类检验算法 ［J］.电子与信息学报，2010，32（3）：728-731.

［67］樊多盛，施韶华，李孝辉.基于 GPS 接收机的铷原子钟驾驭方法研究 ［J］.电子测量与仪器学报，2013，27（10）：980-985.

［68］JORGE M A，GONZALO D M，JUAN B. Correction of systematic errors in Wide Area Multilateration ［C］. Proceedings of ESAV'11，2011：173-178.

［69］NATIONAL AEROSPACE LABORATORY NLR. Wide Area Multilateration Report on EATMP TRS 131/ 04 ［R］，2004：20-28.

［70］MILLS D L. Network time protocol（Version3）specification implementation and analysis ［R］. University of Delaware，DAR-PA Network Working Group：Report RFC-1305，1992.

［71］ALBERTO C，JEREMY E，DEBORAH E，et al. Habitat monitoring：Application driver for wireless communications technology ［C］. In Proceedings of the 2001 ACM SIGCOMM Workshop on Data Communications，2001

［72］SUNDARARAMAN B，BUY U，D A. Kshemkalyani. Clock synchronization for wireless sensor networks：A survey ［J］. Elsevier Ad Hoc Network，2005，3（3）：281-323.

［73］HACH R，ROMMEL A. Wireless synchronization in Time Difference of Arrival based Real Time Locating Systems ［C］. WPNC' 12，2012：193-195.

［74］VAN J，J G. Rabaey. Light weight time synchronization for sensor networks ［C］. IEEE. WSNA' 03，2003：11-19

［75］SHENG Z，M A O. Tianming. Mathematical Modeling for Time Synchronization in Wireless HART Networks：Survey and Research Challenges ［C］. 2013 Fifth International Conference on Intelligent Human- Machine Systems and Cybernetics，2013：515-519.

［76］KIM H，KIM D，YOO S. Cluster - based hierarchical time synchronization for multi-hop wireless sensor networks ［C］. Proc AINA'06，2006：318-322.

［77］DJAMEL D，MILOUD B. Synchronization Protocols and Implementation Issues in Wireless Sensor Networks：A Review ［J］. IEEE Systems Journal，2014：1-11.

[78] SEONGWOOK Y. A Comparison of Clock Synchronization in Wireless Sensor Networks [J]. International Journal of Distributed Sensor Networks, 2013: 1-11.

[79] POTTIE J, KAISER WJ. Wireless integrated network sensors. Commun [C]. ACM, 2000 (43): 51-58.

[80] KOPETZ H, OCHSENREITER W. Clock synchronization in distributed real-time systems [J]. IEEE Trans on Comput, 1987 (36): 933-939

[81] Simeone O, Spagnolini U, Bar N Y, et al. Distributed synchronization in wireless net- works [J]. IEEE Trans on SP, 2008 (25): 81-97.

[82] MAROTI M, KUSY B, SIMON G, et al. The flooding time synchronization protocol [C]. Proc. 2nd Int. Conf. Embedded Networked Sensor Systems, ACM Press, 2004: 39-49.

[83] HUANG P, DESAI M, QIU X, et al. On the multi-hop performance of synchronization mechanisms in high propagation delay networks [J]. IEEE Trans. Comput, 2009, 5 (58): 577-590.

[84] NOH K, CHAUDHARI Q, SERPEDIN E, et al. Novel clock phase offset and skew estimation two-way timing message exchanges for wireless sensor networks [J]. IEEE Trans. Commun, 2007 (55): 766-777.

[85] LENG M, WU Y C. On clock synchronization algorithms for wireless sensor networks under unknown delay [J]. IEEE Trans. Veh. Technol, 2010 (59): 182-190.

[86] GANERIWAL S, KUMAR R, SRIVASTAVA M B. Timing – sync protocol for sensor networks [C]. Proc. en- Sys' 03, 2003: 138-149.

[87] SICHITIU M L, VEERARITTIPHAN C. Simple, accurate time synchronization for wireless sensor networks [C]. Proc. IEEE WCNC03, 2003: 266-1273.

[88] 周贤伟，韦炜，覃伯平. 无线传感器网络的时间同步算法研究 [J]. 传感技术学报, 2008, 1 (19): 20-29.

[89] ELSON J, GIROD L, ESTRIN D. Fine-grained network time synchronization using reference broadcasts [C]. Proc. 5th Symp. Operating System Design and Implementation, 2002: 147-163.

[90] HU A, SERVETTO S D. A scalable protocol for cooperative time synchronization using spatial averaging [EB/OL]. 2006, Available: http: //arxiv. org/ PScache /cs /pdf/ 0611/0611003v1. pdf。

［91］李晓记. 无线传感器网络同步与接入技术［D］. 西安：西安电子科技大学，2012.

［92］CHENG K Y, LUI K S, WU Y C, et al. A distributed multi-hop time synchronization protocol for wireless sensor networks using pairwise broadcast synchronization［J］. IEEE Trans on Wireless Commun, 2009, 8（4）：1764-1772.

［93］WERNER G, TEWARI G, PATEL A, et al. Firefly-inspired sensor network synchronicity with realistic radio effects［C］. Proc SenSys2005, 2005：142-153.

［94］HU S, SERVETTO D. On the scalability of cooperative time synchronization in pulse-connected networks［J］. IEEE Trans on Information Theory, 2006, 52（6）：2725-2748.

［96］ABDEL H S. Analysis of synchronization algorithm with time-out control over networks with exponentially symmetric delays［J］. IEEE Trans. Commun, 2002（50）：1652-166.

［97］严斌宇，刘龙，夏小凤，等. 无线传感器网络时钟同步技术［J］. 计算机测量与控制，2009（6）：59.

［98］BOVY C, MERTODIMEDJO H, HOOGHIEMSTRA G, et al. Analysis of end-to-enddelay measurements in Internet［C］. Proc. Passive and Active Measurements Workshop, 2002：26-33.

［99］PAXSON V. On calibrating measurements of packet transit times［C］. Proc. 7th ACM Sigme trics, 1998：11-21.

［100］JESKE D. On the maximum likelihood estimation of clock offset［J］. IEEE Trans. Commun. 2005, 53（1）：53-54.

［101］CHAUDHARI Q, SERPEDIN E, QARAQE K. On minimum variance unbiased estimation of clock offset in distributed networks［J］. IEEE Trans on Inform. Theory, 2010, 56（6）：2893-2904.

［102］CHAUDHARI Q, SERPEDIN E, WU Y C. Improved estimation of clock offset in sensor networks［C］. Proc. IEEE Int. Conf. Communications（ICC）, 2009：1-4.

［103］LEMMON M, GANGULY J, XIA L. Model-based clock synchronization in networks with drifting clocks［C］. Proc. Pacific Rim Int. Symp. Dependable Computing, 2000：177-184.

［104］MOON S, SKELLEY P, TOWSLEY D. Estimation and removal of clock skew from network delay measurements [C]. Proc. IEEE INFOCOM, 1999: 227 -234.

[105] JESKE D, SAMPATH A. Estimation of clock offset using bootstrap bias -correction techniques [J]. Technometrics. 2003, 45 (3): 256-261.

[106] MACII D, FONTANELLI D, PETRI D. A master-slave synchronization model for enhanced servo clock design [C]. IEEE ISPCS09, 2009: 1-6.

[107] GIORGI G, NARDUZZI C. Performance analysis of Kalman filter-based clock synchronization in IEEE 1588 networks [J]. IEEE Trans on INSTRUMENTA-TION AND MEASUREMENT, 2011, 60 (8): 2902-2909.

[108] HAMILTON B R, MA X, ZHAO Q, et al. ACES: Adaptive clock esti-mation and synchronization using Kalman filtering [C]. Proc ACM, 2008: 152-162.

[109] GIADA G. An Event-Based Kalman Filter for Clock Synchronization [J]. IEEE Trans on INSTRUMENTATION AND MEASUREMENT, 2015, 64 (2): 449-457.

[110] UHLMANN J K. Algorithm for multiple target tracking [J]. American Science, 1992, 80 (2): 128-141.

[111] JULIER S J. The spherical simplex unscented transformation [C]. A-merican Control Conf, 2003: 2430-2434.

[112] KOTECHA J H, DJURIC P M. Gaussian sum particle filtering [J]. IEEE Trans on. Signal Processing, 2003, 51 (10): 2602-2612.

[113] 任丰原, 董思颖, 何滔, 等. 基于锁相环的时间同步机制与算法 [J]. 软件学报, 2007, 8 (2): 372-380.

[114] GANERIWAL S, GANESAN D, SHIM H, et al. Estimating clock un-certainty for efficient duty-cyclingin sensor networks [C]. Proc SenSys' 05, 2005: 130-141.

[115] 任晓龙, 吕琳媛. 网络重要节点排序方法综述 [J]. 科学通报, 2014, 59 (13): 1175-1197.

[116] BURT R S, MINOR M J, ALBA R D. Applied network analysis: A methodological introduction [M]. Sage Publications Beverly Hills, 1983.

[117] Chen D B, LU L, SHANG M S, et al. Identifying influential nodes in complex networks [J]. Physica A, 2012 (391): 1777-1787.

[118] KITSAK M, GALLOS L K, HAVLIN S, et al. Identification of influ-ential spreaders in complex networks [J]. Nat Phys, 2010 (6): 888-893.

[119] HAGE P, HARARY F. Eccentricity and centrality in networks [J]. Soc Netw, 1995 (17): 57-63.

[120] STEPHENSON K, ZELEN M. Rethinking centrality: Methods and examples [J]. Soc Netw, 1989 (11): 1-37.

[121] YAN G, ZHOU T, HU B. Efficient routing on complex networks. Phys Rev E, 2006 (73): 46-108.

[122] ESTRADA E, RODRIGUEZ-VELAZQUEZ J A. Subgraph centrality in complex networks [J]. Phys Rev E, 2005 (71): 56-103.

[123] BRIN S, PAGE L. The anatomy of a large-scale hypertextual web search engine. Comput Netw ISDN Sys, 1998 (30): 107-117.

[124] KLEINBERG J M. Authoritative sources in a hyperlinked environment. JACM, 1999 (46): 604-632.

[125] CHAKRABARTI S, DOM B, RAGHAVAN P, ET AL. Automatic resource compilation by analyzing hyperlink structure and associated text. Comput Netw ISDN Sys, 1998 (30): 65-74.

[126] LEMPEL R, MORAN S. The stochastic approach for link-structure analysis (SALSA) and the TKC effect. Comput Netw, 2000 (33): 387-40.

[127] HUI L, XUAN X, JUN-AN L, et al. Optimal Pinning Control of Complex Dynamical Networks Based on Spectral Properties of Grounded Laplacian Matrices, IEEE Transaction on System, Man and Cybernetics: Systems, Regular Paper, in press, 2019.

[128] 王洪, 金尔文, 刘昌忠, 等. 多点定位 TOA 精确估计及同步误差校正算法 [J]. 系统工程与电子技术, 2013, 4 (35): 835-839.

[129] 李鹏翔, 任玉晴, 席酉民. 网络节点（集）重要性的一种度量指标. 系统工程, 2004 (22): 13-20.

[130] RESTREPO J G, OTT E, HUNT B R. Characterizing the dynamical importance of network nodes and links. Phys Rev Lett, 2006 (97): 94-102.

[131] 谭跃进, 吴俊, 邓宏钟. 复杂网络中节点重要度评估的节点收缩方法. 系统工程理论与实践, 2006, 26: 79-83.

[132] Dangalchev C. Residual closeness in networks. Physica A, 2006 (365): 556-564.

[133] GARAS A, SCHWEITZER F, HAVLIN S. A k-shell decomposition method for weighted networks. New J Phys, 2012 (14): 083030.

[134] HIRSCH J E. An index to quantify an individual's scientific research output. Proc Natl Acad Sci USA, 2005 (102): 16569.

[135] OPSAHL T, AGNEESSENS F, SKVORETZ J. Node centrality in weighted networks: Generalizing degree and shortest paths. Soc Netw, 2010 (32): 245-251.

[136] GAO C, WEI D, HU Y, et al. A modified evidential methodology of identifying influential nodes in weighted networks. Physica A, 2013 (392): 5490-5500.

[137] CCAR-158-R1. 中国民用航空总局. 民用机场建设管理规定 [S]. 北京: 中国民航出版社, 2005: 3-26.

[138] HO K C, CHAN Y T. Solution and Performance Analysis of Geolocation by TDOA [J]. IEEE Trans on AES, 1993, 29 (4): 1311-1322.

[139] HAHN W R, TRETTER S A. Optimum processing for delay-vector estimation in passive signal arrays [J]. IEEE Trans on Inform Theory, 1973, 19 (5): 608-614.

[140] TORRIERI D J. Statistical Theory of Passive Location Systems [J]. IEEE Trans on AES, 1984, 20 (2): 183-198.

[141] TODD K M, STIRLING W C. Mathematical Methods and Algorithms for Signal Processing [M]. Prentice Hall Inc, 2000: 250-270.

[142] PENT M, SPIRITO M A, TURCO E, et al. Method for positioning GSM mobile stations using absolute time delay measurements [J]. Electronics Letters, 1997, 33 (24): 2019-2020.

[143] 张贤达. 信号处理中的线性代数 [M]. 北京: 科学出版社, 1997: 10-20.

[144] GGENE H, CHARLES F V L. Matrix Computations (4th Edition) [M]. The Johns Hopkins University Press, 2013: 306-326.

[145] HARRY L, VAN T. Detection, Estimation, and Modulation Theory [M]. Wiley In-terscience, 2001: 120-180.

[146] SHARP A, KEGEN Y. GDOP Analysis for Positioning System Design [J]. IEEE Trans on Vehicular Technology, 2009, 58 (7): 3371-3382.

[147] 孙仲康, 周一宇, 何黎星. 单多基地有源无源定位技术 [M]. 北京: 国防工业出版社, 1996.

[148] 彭卫, 黄荣顺, 郭建华, 等. 一种适用于机场场面 MLAT 监视系统的定位算法及其性能分析 [J]. 2015, 36 (9): 3050-3059.

［149］MOON T K，WYNN C S. Mathematical Methods and Algorithms for Signal Processing ［M］. New York：Prentice Hall，2000.

［150］黄清明，刘琚. 基于卡尔曼滤波的测量值重构及定位算法 ［J］. 电子与信息学报，2007，29（7）：1551-1555.

［151］NAJAR M，VIDAL J. Kalman tracking based on TDOA for UMTS mobile location ［C］. 12th IEEE International Symposium on Personal，Indoor and Mobile Radio Communications，2001（1）：B45-B49.

［152］周宏仁. 机动目标跟踪 ［M］. 北京：国防工业出版社，1991.

［153］宫淑丽. 机场场面移动目标监视系统关键技术研究 ［D］. 南京：南京航空航天大学，2012.

［154］ADRIAN B，et al. Graph Theory ［M］. New York：Springer，2008.

附　录

附录一　基于 TOA 改进定位算法的性能分析

在前面的内容中，我们介绍了基于 TDOA 的定位方式，并提出了一种适合于机场场面监视的改进的 TDOA 算法，理论及实验都证明了该改进算法的有效性和合理性。

在实际应用中，基于 TDOA 的定位技术与基于 TOA 的定位技术具有一定的相似性，因此，根据某些场景下的特殊性（机场的固定高度环境与城市或乡村中较为平坦区域的场景十分相似），对传统的 TOA 算法进行改进，并分析其性能，还是有一定的必要性。

此部分内容简单介绍基于 TOA 定位的技术，并提出一种固定高度的改进的基于 TOA 定位的算法，具体介绍其实现过程及其与传统三维定位算法之间的比较。

设场面目标位置坐标为 (x_t, y_t, z_0)，其中 z_0 为已知地面高度（这里的地面意味着本算法不仅适用于机场的固定高度场面，也可适用于任意平坦的场景），我们认为在整个场面范围内，场面目标的高度不变，即 z_0 为已知常量值。接收站点数目为 M，其坐标分别表示为 (x_i, y_i, z_i)，$i = 1, 2, \cdots, M$，则目标到第 i 个接收站点的距离 r_i^0 存在以下关系：

$$r_i^0 = \sqrt{(x_t - x_i)^2 + (y_t - y_i)^2 + (z_0 - z_i)^2} \quad i = 1, 2, \cdots, M$$

（附1-1）

其中 $r_i^0 = c\tau_i^0$，c 为电磁场速度，τ_i^0 是从目标到接收站的延时（TOA）。

全部接收站（M 个）综合构成一个方程组：

$$\begin{cases} r_1^0 = \sqrt{(x_t - x_1)^2 + (y_t - y_1)^2 + (z_0 - z_1)^2} \\ r_2^0 = \sqrt{(x_t - x_2)^2 + (y_t - y_2)^2 + (z_0 - z_2)^2} \\ \quad\quad\quad\quad\quad\quad \vdots \\ r_M^0 = \sqrt{(x_t - x_M)^2 + (y_t - y_M)^2 + (z_0 - z_M)^2} \end{cases} \quad (\text{附} 1\text{-}2)$$

可见一个接收站所接收信号的 TOA 关系形成一个以接收站点坐标为原点的圆（二维情况）或者球（三维情况），多个接收站的 TOA 关系形成多个圆或球，目标的位置就在多个圆或球的交点上。

实际中所测量的 TOA 存在噪声，这使得实际 TOA 关系所形成的多个圆或球不再相交于一点，而是形成一个随机的区域（与噪声和目标与接收站之间的几何位置有关）。由于存在噪声的影响，上式中实际的目标到第 i 个接收站点的距离 $r_i = r_i^0 + \eta_i$，此时，方程组（附 1-2）不再成立，可使用最小二乘方法或者最大似然方法进行求解。

同理，对基于 TOA 定位技术的克拉美罗界（CRLB Bound）推导如下：设站点数为 M，TOA 测量噪声为零均值高斯分布，则测量数据（观察数据）矢量表示为 $r = [r_1, r_2, \cdots, r_M]^T$，$[\cdot]^T$ 表示转置运算，则测量数据的似然函数可表示为

$$f(r \mid r_0) = \frac{1}{(2\pi)^{M/2} |Q|^{1/2}} \exp\{(r - r_0)^T Q^{-1}(r - r_0)\} \quad (\text{附} 1\text{-}3)$$

其中 $Q = E\{(r - r_0)(r - r_0)^T\}$ 为测量噪声的协方差矩阵，通常可认为各个接收站的噪声是独立同分布的热噪声，由此 $Q = \sigma_\eta^2 I = \sigma_\eta^2 \begin{bmatrix} 1 & 0 & \cdots & 0 \\ 0 & 1 & \cdots & 0 \\ & & \cdots & \\ 0 & 0 & \cdots & 1 \end{bmatrix}$，这里 σ_η^2 为接收站测量热噪声的方差。设 $z_p = [x_t, y_t, z_0]^T$（其中 z_0 为已知常量），根据克拉美罗界的定义：

$$\boldsymbol{\Phi}_{\text{TOA-2}} = \left(E\left\{ \left[\frac{\partial}{\partial z_p} \ln[f(r \mid r_0)] \right] \left[\frac{\partial}{\partial z_p} \ln[f(r \mid r_0)]^T \right] \right\} \right)^{-1} = \frac{r_0^T}{\partial z_p} Q^{-1} \frac{r_0}{\partial z_p}$$

$$(\text{附} 1\text{-}4)$$

这里 $\dfrac{r_0^T}{\partial z_p} = \begin{bmatrix} \dfrac{(x_t - x_1)}{r_1^0} & \dfrac{(x_t - x_2)}{r_2^0} \cdots \dfrac{(x_t - x_M)}{r_M^0} \\ \dfrac{(y_t - y_1)}{r_1^0} & \dfrac{(y_t - y_2)}{r_2^0} \cdots \dfrac{(y_t - y_M)}{r_M^0} \end{bmatrix}$，注意这里由于 z_0 为已

知常量，因此求导数时只对 $z_p = [x_t, y_t, z_0]^T$ 中的 x_t, y_t 进行，可以比较一下

三维情况下的 $\dfrac{\partial \boldsymbol{r}_0^T}{\partial \boldsymbol{z}_p} = \begin{bmatrix} \dfrac{(x_t - x_1)}{r_1^0} & \dfrac{(x_t - x_2)}{r_2^0} \cdots & \dfrac{(x_t - x_M)}{r_M^0} \\ \dfrac{(y_t - y_1)}{r_1^0} & \dfrac{(y_t - y_2)}{r_2^0} \cdots & \dfrac{(y_t - y_M)}{r_M^0} \\ \dfrac{(z_t - z_1)}{r_1^0} & \dfrac{(z_t - z_2)}{r_2^0} \cdots & \dfrac{(z_t - z_M)}{r_M^0} \end{bmatrix}$ 。

设 $\boldsymbol{G}_{TOA-2} = \left(\dfrac{\partial \boldsymbol{r}_0^T}{\partial \boldsymbol{z}_p}\right)^T$ ，则上式可表示为

$$\boldsymbol{\Phi}_{TOA-2} = (\boldsymbol{G}_{TOA-2}^T \boldsymbol{Q}^{-1} \boldsymbol{G}_{TOA-2})^{-1} \qquad (\text{附 } 1-5)$$

由于 $\boldsymbol{Q} = \sigma_\eta^2 \boldsymbol{I}$ ，则上式可简化为

$$\boldsymbol{\Phi}_{TOA-2} = \dfrac{(\boldsymbol{G}_{TOA-2}^T \boldsymbol{G}_{TOA-2})^{-1}}{\sigma_\eta^2} \qquad (\text{附 } 1-6)$$

这里 $\boldsymbol{G}_{TOA-2} = \begin{bmatrix} \dfrac{(x_t - x_1)}{r_1^0} & \dfrac{(y_t - y_1)}{r_1^0} \\ \dfrac{(x_t - x_2)}{r_2^0} & \dfrac{(y_t - y_2)}{r_2^0} \\ \cdots \\ \dfrac{(x_t - x_M)}{r_M^0} & \dfrac{(y_t - y_M)}{r_M^0} \end{bmatrix}$ 。

可见，基于 TOA 的定位误差主要取决于：

（1）目标的位置；

（2）接收站的位置；

（3）接收站的热噪声性质。

下面，我们分析所提出的高度不变的 TOA 算法与传统的基于 TOA 的三维定位算法的区别和联系。

传统的基于 TOA 的三维定位算法的克拉美罗界的表达式为

$$\boldsymbol{\Phi}_{TOA-3} = \dfrac{(\boldsymbol{G}_{TOA-3}^T \boldsymbol{G}_{TOA-3})^{-1}}{\sigma_\eta^2} \qquad (\text{附 } 1-7)$$

其中，$G_{TOA-3}=\begin{bmatrix}\dfrac{(x_t-x_1)}{r_1^0} & \dfrac{(y_t-y_1)}{r_1^0} & \dfrac{(z_t-z_1)}{r_1^0}\\[2mm]\dfrac{(x_t-x_2)}{r_2^0} & \dfrac{(y_t-y_2)}{r_2^0} & \dfrac{(z_t-z_2)}{r_2^0}\\[1mm] & \cdots & \\[1mm]\dfrac{(x_t-x_M)}{r_M^0} & \dfrac{(y_t-y_M)}{r_M^0} & \dfrac{(z_t-z_M)}{r_M^0}\end{bmatrix}$。

由前面的 G_{TOA-2}、G_{TOA-3} 的表达式，可知它们之间存在着关系 $G_{TOA-3}=$

$[\,G_{TOA-2} \quad z_{TOA}\,]$，其中 $z_{TOA}=\begin{bmatrix}\dfrac{(z_t-z_1)}{r_1^0}\\[2mm]\dfrac{(z_t-z_2)}{r_2^0}\\[1mm]\vdots\\[1mm]\dfrac{(z_t-z_M)}{r_M^0}\end{bmatrix}$，则有

$$\Phi_{TOA-3}=\frac{(G_{TOA-3}^T G_{TOA-3})^{-1}}{\sigma_\eta^2}=$$

$$\frac{\left(\begin{bmatrix}G_{TOA-2}^T\\ z_{TOA}^T\end{bmatrix}[\,G_{TOA-2} \quad z_{TOA}\,]\right)^{-1}}{\sigma_\eta^2}=\frac{\left(\begin{bmatrix}G_{TOA-2}^T G_{TOA-2} & G_{TOA-2}^T z_{TOA}\\ z_{TOA}^T G_{TOA-2} & z_{TOA}^T z_{TOA}\end{bmatrix}\right)^{-1}}{\sigma_\eta^2}$$

（附 1-8）

由分块矩阵的求逆公式[141]，有

$$\Phi_{TOA-3}=\begin{bmatrix}\Theta_{11}, & \Theta_{12}\\ \Theta_{21}, & \Theta_{22}\end{bmatrix}/\sigma_\eta^2 \qquad\text{（附 1-9）}$$

其中 $\Theta_{11}=(G_{TOA-2}^T G_{TOA-2})^{-1}+(G_{TOA-2}^T G_{TOA-2})^{-1}G_{TOA-2}^T z_{TOA}z_{TOA}^T G_{TOA-2}$ $(G_{TOA-2}^T G_{TOA-2})^{-1}s^{-1}$，$\Theta_{12}=-(G_{TOA-2}^T G_{TOA-2})^{-1}G_{TOA-2}^T z_{TOA}s^{-1}$，$\Theta_{21}=-s^{-1}z_{TOA}^T G_{TOA-2}(G_{TOA-2}^T G_{TOA-2})^{-1}$，$\Theta_{22}=s^{-1}$。注意这里出现的 s 是标量：$s=z_{TOA}^T z_{TOA}-z_{TOA}^T G_{TOA-2}(G_{TOA-2}^T G_{TOA-2})^{-1}G_{TOA-2}^T z_{TOA}$。

实际中 Φ_{TOA-2} 的形式化表示为 $\Phi_{TOA-2}=E\left\{\begin{bmatrix}\delta x_2\\ \delta y_2\end{bmatrix}[\delta x_2 \quad \delta y_2]\right\}=$

$\begin{bmatrix}\sigma_{xx-2}^2 & r_{xy-2}\\ r_{yx-2} & \sigma_{yy-2}^2\end{bmatrix}$，其中 $\begin{bmatrix}\delta x_2\\ \delta y_2\end{bmatrix}$ 为 x、y 轴上的距离误差（由热噪声引起，通常认

为是均值为零的正态分布），$E\{\cdot\}$ 是期望运算符，$\sigma_{xx-2}^2 = E\{(\delta x_2)^2\}$ 和 $\sigma_{yy-2}^2 = E\{(\delta y_2)^2\}$ 分别为 x、y 轴上的误差方差（高度不变情况），$r_{xy-2} = E\{\delta x \delta y\}$ 和 $r_{yx-2} = E\{\delta y \delta x\}$ 是 x、y 轴上的相关系数（高度不变情况下）。同理，$\boldsymbol{\Phi}_{\text{TOA-3}} =$

$$E\left\{\begin{bmatrix} \delta x_3 \\ \delta y_3 \\ \delta z_3 \end{bmatrix} \begin{bmatrix} \delta x_3 & \delta y_3 & \delta z_3 \end{bmatrix}\right\} = \begin{bmatrix} \sigma_{xx-3}^2 & r_{xy-3} & r_{xz-3} \\ r_{yx-3} & \sigma_{yy-3}^2 & r_{yz-3} \\ r_{zx-3} & r_{zy-3} & \sigma_{zz-2}^2 \end{bmatrix}$$，其中 σ_{xx-3}^2、σ_{yy-3}^2 和 σ_{zz-3}^2 分

别是 x 轴、y 轴和 z 轴上的方差（三维情况）。

上式中 $(\boldsymbol{G}_{\text{TOA-2}}^T \boldsymbol{G}_{\text{TOA-2}})^{-1}$ 是我们所提出的高度固定的新算法的克拉美罗界，显然，要证明所提出新算法的定位精度比传统三维定位算法的高，需要证明 $\boldsymbol{\Theta}_{11}$ 上的对角线上的元素（三维 x、y 轴上的方差）大于 $(\boldsymbol{G}_{\text{TOA-2}}^T \boldsymbol{G}_{\text{TOA-2}})^{-1}$ 对角线上的元素（新算法 x、y 轴上的方差）。

由 $\boldsymbol{G}_{\text{TOA-2}} = \begin{bmatrix} \dfrac{(x_t - x_1)}{r_1^0} & \dfrac{(y_t - y_1)}{r_1^0} \\ \dfrac{(x_t - x_2)}{r_2^0} & \dfrac{(y_t - y_2)}{r_2^0} \\ \cdots \\ \dfrac{(x_t - x_M)}{r_M^0} & \dfrac{(y_t - y_M)}{r_M^0} \end{bmatrix} = \begin{bmatrix} \boldsymbol{v}_{x-2} & \boldsymbol{v}_{y-2} \end{bmatrix}$，这里 $\boldsymbol{v}_{x-2} =$

$\begin{bmatrix} \dfrac{(x_t - x_1)}{r_1^0} \\ \dfrac{(x_t - x_2)}{r_2^0} \\ \vdots \\ \dfrac{(x_t - x_M)}{r_M^0} \end{bmatrix}$，$\boldsymbol{v}_{y-2} = \begin{bmatrix} \dfrac{(y_t - y_1)}{r_1^0} \\ \dfrac{(y_t - y_2)}{r_2^0} \\ \vdots \\ \dfrac{(y_t - y_M)}{r_M^0} \end{bmatrix}$，实际中 $\boldsymbol{v}_{x-2}$ 与 $\boldsymbol{v}_{y-2}$ 与各个接收站的 x 坐标

和 y 坐标有关，接收站的选址中不会考虑各个坐标轴上的关系，因此可将 $\boldsymbol{v}_{x-2}$ 与 $\boldsymbol{v}_{y-2}$ 看成不相关的两个矢量。$(\boldsymbol{G}_{\text{TOA-2}}^T \boldsymbol{G}_{\text{TOA-2}}) = \left(\begin{bmatrix} \boldsymbol{v}_{x-2}^T \\ \boldsymbol{v}_{y-2}^T \end{bmatrix} \begin{bmatrix} \boldsymbol{v}_{x-2} & \boldsymbol{v}_{y-2} \end{bmatrix} \right) =$

$\begin{bmatrix} \boldsymbol{v}_{x-2}^T \boldsymbol{v}_{x-2} & \boldsymbol{v}_{x-2}^T \boldsymbol{v}_{y-2} \\ \boldsymbol{v}_{y-2}^T \boldsymbol{v}_{x-2} & \boldsymbol{v}_{y-2}^T \boldsymbol{v}_{y-2} \end{bmatrix}$，显然 $(\boldsymbol{G}_{\text{TOA-2}}^T \boldsymbol{G}_{\text{TOA-2}})$ 是集合 $\boldsymbol{T}_2 = \{\boldsymbol{v}_{x-2}, \boldsymbol{v}_{y-2}\}$ 的 Gram-

mian 阵，是对称可逆的。

为了下面分析方便，我们对 $M \times 2$ 矩阵 $\boldsymbol{G}_{\text{TOA-2}}$ 进行奇异值分解：$\boldsymbol{G}_{\text{TOA-2}} = \boldsymbol{U}_2 \boldsymbol{\Lambda}_2 \boldsymbol{V}_2^T$。这里 $\boldsymbol{U}_2$ 是 $M \times M$ 的酉阵，$\boldsymbol{V}_2$ 是 2×2 的酉阵，$\boldsymbol{\Lambda}_2 = \begin{bmatrix} \sigma_1 & 0 \\ 0 & \sigma_2 \\ \vdots & \vdots \\ 0 & 0 \end{bmatrix}$ 为 $M \times 2$ 的对角阵，σ_1，$\sigma_1 \geqslant 0$。

将 $\boldsymbol{G}_{\text{TOA-2}} = \boldsymbol{U}_2 \boldsymbol{\Lambda}_2 \boldsymbol{V}_2^T$ 带入，则 $(\boldsymbol{G}_{\text{TOA-2}}^T \boldsymbol{G}_{\text{TOA-2}})^{-1} = (\boldsymbol{V}_2 \boldsymbol{\Lambda}_2^T \boldsymbol{U}_2^T \boldsymbol{U}_2 \boldsymbol{\Lambda}_2 \boldsymbol{V}_2^T)^{-1}$

$\overset{\boldsymbol{U}_2^T \boldsymbol{U}_2 = \boldsymbol{I}}{=} (\boldsymbol{V}_2 \boldsymbol{\Lambda}_2^T \boldsymbol{\Lambda}_2 \boldsymbol{V}_2^T)^{-1} \overset{\boldsymbol{V}_2^T = \boldsymbol{V}_2^{-1}}{=} \boldsymbol{V}_2 (\boldsymbol{\Lambda}_2^T \boldsymbol{\Lambda}_2)^{-1} \boldsymbol{V}_2^T$，由于 $s = \boldsymbol{z}_{\text{TOA}}^T [\boldsymbol{I} - \boldsymbol{G}_{\text{TOA-2}} (\boldsymbol{G}_{\text{TOA-2}}^T \boldsymbol{G}_{\text{TOA-2}})^{-1} \boldsymbol{G}_{\text{TOA-2}}^T] \boldsymbol{z}_{\text{TOA}}$，要证明 $s \geqslant 0$，则必须证明 $\boldsymbol{I} - \boldsymbol{G}_{\text{TOA-2}} (\boldsymbol{G}_{\text{TOA-2}}^T \boldsymbol{G}_{\text{TOA-2}})^{-1} \boldsymbol{G}_{\text{TOA-2}}^T$ 是正定或半正定阵。将 $\boldsymbol{G}_{\text{TOA-2}} = \boldsymbol{U}_2 \boldsymbol{\Lambda}_2 \boldsymbol{V}_2^T$ 和 $(\boldsymbol{G}_{\text{TOA-2}}^T \boldsymbol{G}_{\text{TOA-2}})^{-1} = \boldsymbol{V}_2 (\boldsymbol{\Lambda}_2^T \boldsymbol{\Lambda}_2)^{-1} \boldsymbol{V}_2^T$ 带入，则 $\boldsymbol{G}_{\text{TOA-2}} (\boldsymbol{G}_{\text{TOA-2}}^T \boldsymbol{G}_{\text{TOA-2}})^{-1} \boldsymbol{G}_{\text{TOA-2}}^T = \boldsymbol{U}_2 \boldsymbol{\Lambda}_2 \boldsymbol{V}_2^T \boldsymbol{V}_2 (\boldsymbol{\Lambda}_2^T \boldsymbol{\Lambda}_2)^{-1} \boldsymbol{V}_2^T \boldsymbol{V}_2 \boldsymbol{\Lambda}_2^T \boldsymbol{U}_2^T = \boldsymbol{U}_2 \boldsymbol{\Lambda}_2 (\boldsymbol{\Lambda}_2^T \boldsymbol{\Lambda}_2)^{-1} \boldsymbol{\Lambda}_2^T \boldsymbol{U}_2^T$。

由于 $\boldsymbol{\Lambda}_2^T \boldsymbol{\Lambda}_2 = \begin{bmatrix} \sigma_1^2 & 0 \\ 0 & \sigma_2^2 \end{bmatrix}$，则 $(\boldsymbol{\Lambda}_2^T \boldsymbol{\Lambda}_2)^{-1} = \begin{bmatrix} \dfrac{1}{\sigma_1^2} & 0 \\ 0 & \dfrac{1}{\sigma_2^2} \end{bmatrix}$，且 $\boldsymbol{B} = \boldsymbol{\Lambda}_2 (\boldsymbol{\Lambda}_2^T \boldsymbol{\Lambda}_2)^{-1} \boldsymbol{\Lambda}_2^T = \begin{bmatrix} 1 & 0 & 0 & \cdots & 0 \\ 0 & 1 & 0 & \cdots & 0 \\ 0 & 0 & 0 & \cdots & 0 \\ & & \cdots & & \\ 0 & 0 & 0 & \cdots & 0 \end{bmatrix}$ 是一个 $M \times M$ 的方阵，从而

$\boldsymbol{I} - \boldsymbol{G}_{\text{TOA-2}} (\boldsymbol{G}_{\text{TOA-2}}^T \boldsymbol{G}_{\text{TOA-2}})^{-1} \boldsymbol{G}_{\text{TOA-2}}^T = \boldsymbol{U}_2 \boldsymbol{U}_2^T - \boldsymbol{U}_2 \boldsymbol{B} \boldsymbol{U}_2^T = \boldsymbol{U}_2 (\boldsymbol{I} - \boldsymbol{B}) \boldsymbol{U}_2^T = \boldsymbol{U}_2 \begin{bmatrix} 0 & 0 & 0 & \cdots & 0 \\ 0 & 0 & 0 & \cdots & 0 \\ 0 & 0 & 1 & \cdots & 0 \\ & & \cdots & & \\ 0 & 0 & 0 & \cdots & 1 \end{bmatrix} \boldsymbol{U}_2^T$。由于 $\boldsymbol{U}_2 \begin{bmatrix} 0 & 0 & 0 & \cdots & 0 \\ 0 & 0 & 0 & \cdots & 0 \\ 0 & 0 & 1 & \cdots & 0 \\ & & \cdots & & \\ 0 & 0 & 0 & \cdots & 1 \end{bmatrix} \boldsymbol{U}_2^T$ 是一个 Hermi-

tian 阵，$\boldsymbol{U}_2$ 可视为其特征矩阵，$\begin{bmatrix} 0 & 0 & 0 & \cdots & 0 \\ 0 & 0 & 0 & \cdots & 0 \\ 0 & 0 & 1 & \cdots & 0 \\ & & \cdots & & \\ 0 & 0 & 0 & \cdots & 1 \end{bmatrix}$ 中对角线上的元素为

特征值。根据定理"一个 Hermitian 阵是正定阵或半正定阵"，假设其所有的特征值大于或等于零，由此，$I - G_{\text{TOA-2}}(G_{\text{TOA-2}}^T G_{\text{TOA-2}})^{-1} G_{\text{TOA-2}}^T$ 是正定阵或半正定阵，可知 $s = z_{\text{TOA}}^T [I - G_{\text{TOA-2}}(G_{\text{TOA-2}}^T G_{\text{TOA-2}})^{-1} G_{\text{TOA-2}}^T] z_{\text{TOA}}^T$ 大于等于零，考虑到 s 的物理意义是方差，因此其应大于零。

对于 $\boldsymbol{\Theta}_{11} = (G_{\text{TOA-2}}^T G_{\text{TOA-2}})^{-1} + (G_{\text{TOA-2}}^T G_{\text{TOA-2}})^{-1} G_{\text{TOA-2}}^T z_{\text{TOA}} z_{\text{TOA}}^T G_{\text{TOA-2}} (G_{\text{TOA-2}}^T G_{\text{TOA-2}})^{-1} s^{-1}$，由于 $(G_{\text{TOA-2}}^T G_{\text{TOA-2}})^{-1} G_{\text{TOA-2}}^T z_{\text{TOA}} z_{\text{TOA}}^T G_{\text{TOA-2}} (G_{\text{TOA-2}}^T G_{\text{TOA-2}})^{-1}$ 是 Grammian 阵，根据定理"所有的 Grammian 阵是正定或半正定的"，同时又有定理"正定或半正定矩阵的对角线上的元素是非负值"，由此可知 $\boldsymbol{\Theta}_{11}$ 对角线上的元素（x、y 轴上误差的方差）大于 $(G_{\text{TOA-2}}^T G_{\text{TOA-2}})^{-1}$ 对角线上的元素。

附录二　发明专利1

基于无源多点定位技术的目标运动-静止状态判断方法的实现

摘要：本发明公开了一种基于无源多点定位技术的目标运动-静止状态判断方法，该方法可使用单个量测值或多个量测值进行判断。单个量测值判断步骤：计算单个量测值的几何精度因子矩阵并用来对量测值进行归一化处理以得到判断统计量。多个量测值判断步骤：首先，使用第 N 个量测值分别减去余下的 $N-1$ 个量测值并根据 x 和 y 轴数据构成一个列矢量；其次，结合各量测值计算出的几何精度因子矩阵构造出该列矢量的相关矩阵并用来对列矢量进行归一化处理以便构建判断统计量；最后，根据门限进行判断。本发明基于统计假设检验并结合机场场面监视多点定位系统，系统适应性和鲁棒性较强；计算量较小且检测性能好；可灵活选用单个量测值或多个量测值进行判断。

技术领域

本发明涉及民用航空领域内的目标监视技术领域，特别是一种基于无源多点定位技术的目标运动-静止状态判断方法。

背景技术

机场场面目标的监视是民用航空领域内的热点问题。传统的场面监视系统是场面一次监视雷达，这种设备存在一些缺点，如场面监视精度低、监视范围受机场环境影响大、易受雨雪天等气候影响。

机场场面监视多点定位系统属于基于时差定位的无源定位系统，其原理是先获取分布在不同位置接收站点所接收目标的到达时间差（TDOA），再通过定位算法解算出目标坐标。

实测数据表明，机场场面监视多点定位系统所提供的目标位置（以下均简称为"量测值"）有如下特点：

（1）同一个目标前后连续量测值之间的时间间隔是无规律的，其范围由微秒级到数十秒级。

（2）机场场面监视多点定位系统所引入量测噪声的统计特性与目标所在场面位置有关；同时，不同坐标轴上的量测噪声之间具有统计相关性，且其相关性也与目标所在场面位置有关。这个特点是由机场场面监视多点定位系统固有特性决定的。

在机场场面监视多点定位系统的实际使用中，有一种很现实的新的需求，即要判断目标的运动或静止状态，通过这种状态的判断，不仅可以显示出目标更准确的运动特性，而且有助于更有效地去除视距非直达波信号所造成的野值。

针对上述机场场面监视多点定位系统的量测值特点和新的需求，本发明所涉及的基于无源多点定位技术的目标运动-静止状态判断方法就应运而生了。

发明内容

本发明的发明目的在于：针对上述存在的问题，提供一种基于无源多点定位技术的目标运动-静止状态判断方法。

本发明所涉及的方法应用于机场场面监视多点定位系统中跟踪滤波部分的一个子模块，以统计假设检验为理论基础并结合了机场场面监视多点定位系统的特点，可对目标当前的运动情况进行可靠的判断。实际中，判断数据为机场场面监视多点定位系统所解算出的目标定位位置，输出为判断结果（运动或静止状态）。

以二维平面直角坐标为例进行以下推导：

目标量测值可表示为

$$\begin{cases} x_k = x_k^0 + n_{xk} \\ y_k = y_k^0 + n_{yk} \end{cases} \qquad (\text{附}2\text{-}1)$$

x_k、y_k 为目标 k 时刻的量测值，其中 x_k^0、y_k^0 为目标 k 时刻的真实位置，n_{xk}、n_{yk} 分别为 k 时刻量测值在 x 轴、y 轴上的噪声（零均值高斯白噪声随机过程）。

将 k 时刻的量测值减去 $k-1$ 时刻的量测值，在 x 轴、y 轴上分别用 Δx_k、Δy_k 表示。如使用 H_0 表示目标静止状态假设，H_1 表示目标运动状态假设，则有

$$\begin{cases} H_0: [\Delta x_k = n_{xk} - n_{xk-1}] \& [\Delta y_k = n_{yk} - n_{yk-1}] \\ H_1: [\Delta x_k = v_{xk}(t_k - t_{k-1}) + (n_{xk} - n_{xk-1})] \mid [\Delta y_k = v_{yk}(t_k - t_{k-1}) + (n_{yk} - n_{yk-1})] \end{cases}$$
$$(\text{附}2\text{-}2)$$

其中 v_{xk}、v_{yk} 为 $k-1$ 到 k 时刻的目标速度，t_k 表示 k 时刻量测值的到达时间（TOA），符号 &、| 分别表示逻辑"与"（同时满足条件）和"或"（满足其中之一条件）。

显然，当目标运动时（$v_{xk} \neq 0$ 或 $v_{yk} \neq 0$），上述静止与运动的判断决策问题转化为判断 Δx_k、Δy_k 是零均值高斯随机变量还是非零均值高斯随机变量的决策问题。

本发明提供了两个基于无源多点定位技术的目标运动-静止状态判断方

法：一个适用于多个量测值的判断，另一个适用于单个量测值的判断。

适用于多个量测值的判断方法具体为：

一种基于无源多点定位技术的目标运动-静止状态判断方法，其包括以下步骤：

第一步：从机场场面监视多点定位系统获得 N 个目标的量测值作为一个窗口处理样本：$\{x_1, y_1\}$，$\{x_2, y_2\}$，$\cdots$，$\{x_N, y_N\}$，分别计算这 N 个量测值的几何精度因子矩阵，即 $\boldsymbol{\varphi}_i = \begin{bmatrix} E(x_i^2) & E(x_i y_i) \\ E(x_i y_i) & E(y_i^2) \end{bmatrix}$，$i = 1 \sim N$，其中 $E(x_i^2)$、$E(x_i y_i)$、$E(x_i y_i)$、$E(y_i^2)$ 表示数学期望。

第二步：使用第 N 个量测值分别减去余下的 $N-1$ 个量测值，即获得 $\Delta x_{Ni} = x_N - x_i$，$i = 1 \sim N - 1$，$\Delta y_{Ni} = y_N - y_i$，$i = 1 \sim N - 1$。

第三步：构建 $\boldsymbol{\Delta}_x = \begin{bmatrix} \Delta x_{N1} \\ \Delta x_{N2} \\ \vdots \\ \Delta x_{NN-1} \end{bmatrix}$ 的相关矩阵：

$$Q_{xx} = E\{\boldsymbol{\Delta}_x \boldsymbol{\Delta}_x^T\} = \begin{bmatrix} E(x_N^2) - E(x_1^2), & E(x_N^2), & E(x_N^2), & \cdots, & E(x_N^2) \\ E(x_N^2), & E(x_N^2) - E(x_2^2), & E(x_N^2), & \cdots, & E(x_N^2) \\ & & \cdots & & \\ E(x_N^2), & E(x_N^2), & E(x_N^2), & \cdots, & E(x_N^2) - E(x_{N-1}^2) \end{bmatrix},$$

构建 $\boldsymbol{\Delta}_y = \begin{bmatrix} \Delta y_{N1} \\ \Delta y_{N2} \\ \vdots \\ \Delta y_{NN-1} \end{bmatrix}$ 的相关矩阵：

$$Q_{yy} = E\{\boldsymbol{\Delta}_y \boldsymbol{\Delta}_y^T\} = \begin{bmatrix} E(y_N^2) - E(y_1^2), & E(y_N^2), & E(y_N^2), & \cdots, & E(y_N^2) \\ E(y_N^2), & E(y_N^2) - E(y_2^2), & E(y_N^2), & \cdots, & E(y_N^2) \\ & & \cdots & & \\ E(y_N^2), & E(y_N^2), & E(y_N^2), & \cdots, & E(y_N^2) - E(y_{N-1}^2) \end{bmatrix},$$

构建 $\Delta_x = \begin{bmatrix} \Delta x_{N1} \\ \Delta x_{N2} \\ \vdots \\ \Delta x_{NN-1} \end{bmatrix}$ 及 $\Delta_y = \begin{bmatrix} \Delta y_{N1} \\ \Delta y_{N2} \\ \vdots \\ \Delta y_{NN-1} \end{bmatrix}$ 的互相关矩阵：

$$Q_{xy} = E\{\Delta_x \Delta_y^T\} =$$

$$\begin{bmatrix} E(x_N y_N) - E(x_1 y_1) , & E(x_N y_N) , & E(x_N y_N) , & \cdots , & E(x_N y_N) \\ E(x_N y_N) , & E(x_N y_N) - E(x_2 y_2) , & E(x_N y_N) , & \cdots , & E(x_N y_N) \\ & & \cdots & & \\ E(x_N y_N) , & E(x_N y_N) , & E(x_N y_N) , & \cdots , & E(x_N y_N) - E(x_{N-1} y_{N-1}) \end{bmatrix} ;$$

第四步：将第三步所得 3 个矩阵组合成一个矩阵 C_{xy}，即 $C_{xy} = \begin{bmatrix} Q_{xx} & Q_{xy} \\ Q_{xy} & Q_{yy} \end{bmatrix}$，将 Δ_x 和 Δ_y 组合成一个列矢量 Z_{xy}，即 $Z_{xy} = \begin{bmatrix} \Delta_x \\ \Delta_y \end{bmatrix}$。

第五步：计算 $\xi_w = Z_{xy}^T C_{xy}^{-1} Z_{xy}$。

第六步：设定显著性水平 α_w，则可确定量测值门限 M_w，再使用 ξ_w 做判断：当 $\xi_w > M_w$ 时，目标判断为运动的；当 $\xi_w \leqslant M_w$ 时，判断目标是静止的。

第七步：输出判断结果。

第八步：窗口滑动一个量测值后再重复上述各步骤。

上述方法适用于对多个量测值进行滑窗假设检验，计算量较大，但是检测性能有所提高。

适用于单个量测值的判断方法具体为：

一种基于无源多点定位技术的目标运动-静止状态判断方法，其特征在于包括以下步骤：

第一步：从机场场面监视多点定位系统获取量测值 x_k、y_k。

第二步：计算几何精度因子矩阵，即 $\boldsymbol{\varphi}_k = \begin{bmatrix} E(x_k^2) & E(x_k y_k) \\ E(x_k y_k) & E(y_k^2) \end{bmatrix}$，其中 $E(x_i^2)$、$E(x_i y_i)$、$E(x_i y_i)$、$E(y_i^2)$ 表示数学期望。

第三步：计算 $\xi_k = \begin{bmatrix} \Delta x_k & \Delta y_k \end{bmatrix} \boldsymbol{\varphi}_k^{-1} \begin{bmatrix} \Delta x_k \\ \Delta y_k \end{bmatrix}$。如目标为静止状态，则 ξ_k 服从自由度为 2 的 χ^2 分布；如目标是运动状态，即 Δx_k 或 Δy_k 不再是零均值高斯随机变量，ξ_k 将会显著变大。

第四步：设定显著性水平 α，则可确定单个量测值的门限 M，再使用 ξ_k 做如下判断：

a. 当 $\xi_k > M$ 时，目标判断为运动的；

b. 当 $\xi_k \leqslant M$ 时，判断目标是静止的。

第五步：输出判断结果。

上述方法适用于对单个量测值进行统计假设检验，计算速度较快，具有很好的实时性，但是虚警率比较高，很容易发生误判。

适用于多个量测值的判断方法是在单个量测值判断方法的基础上提出来的，原理相似，只是计算量与检测性能上有所差别，实际中可根据具体工程要求采用哪一种方法。

综上所述，由于采用了上述技术方案，本发明的有益效果是：两个方法均基于统计假设检验的原理，并结合机场场面监视多点定位系统的特点，具有较强的系统适应性和鲁棒性；实际计算过程中，$E(x_i^2)$，$E(y_i^2)$，$E(x_N y_N)$，$i = 1 \sim N$ 的值都很接近，只需要计算一个即可，因而可以提高计算效率；两个方法各有长处，可以根据实际情况灵活选择使用。

图1是本发明实施例1的流程图。

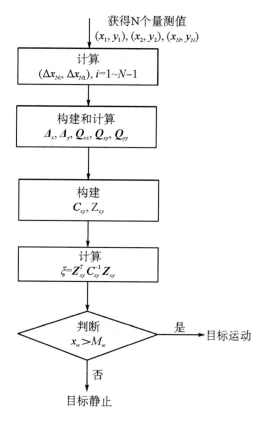

图1　实例1的流程

图2是本发明实施例2的流程图。

具体实施方式

下面结合附图，对本发明做详细的说明。

实施例1：

如图1所示，一种基于无源多点定位技术的目标运动-静止状态判断方法，其包括以下步骤：

第一步：从机场场面监视多点定位系统获得 N 个目标的量测值作为一个窗口处理样本：$\{x_1, y_1\}$，$\{x_2, y_2\}$，$\cdots$，$\{x_N, y_N\}$，分别计算这 N 个量测值的几何精度因子矩阵，即 $\boldsymbol{\varphi}_i = \begin{bmatrix} E(x_i^2) & E(x_i y_i) \\ E(x_i y_i) & E(y_i^2) \end{bmatrix}$，$i = 1 \sim N$，其中 $E(x_i^2)$、$E(x_i y_i)$、$E(x_i y_i)$、$E(y_i^2)$ 表示数学期望。

第二步：使用第 N 个量测值分别减去余下的 $N-1$ 个量测值，即获得 $\Delta x_{Ni} = x_N - x_i$，$i = 1 \sim N - 1$，$\Delta y_{Ni} = y_N - y_i$，$i = 1 \sim N - 1$。

第三步：构建 $\boldsymbol{\Delta}_x = \begin{bmatrix} \Delta x_{N1} \\ \Delta x_{N2} \\ \vdots \\ \Delta x_{NN-1} \end{bmatrix}$ 的相关矩阵，即

$$Q_{xx} = E\{\boldsymbol{\Delta}_x \boldsymbol{\Delta}_x^T\} = \begin{bmatrix} E(x_N^2) - E(x_1^2), & E(x_N^2), & E(x_N^2), & \cdots, & E(x_N^2) \\ E(x_N^2), & E(x_N^2) - E(x_2^2), & E(x_N^2), & \cdots, & E(x_N^2) \\ & & \cdots & & \\ E(x_N^2), & E(x_N^2), & E(x_N^2), & \cdots, & E(x_N^2) - E(x_{N-1}^2) \end{bmatrix}$$

构建 $\boldsymbol{\Delta}_y = \begin{bmatrix} \Delta y_{N1} \\ \Delta y_{N2} \\ \vdots \\ \Delta y_{NN-1} \end{bmatrix}$ 的相关矩阵，即

$$Q_{yy} = E\{\boldsymbol{\Delta}_y \boldsymbol{\Delta}_y^T\} = \begin{bmatrix} E(y_N^2) - E(y_1^2), & E(y_N^2), & E(y_N^2), & \cdots, & E(y_N^2) \\ E(y_N^2), & E(y_N^2) - E(y_2^2), & E(y_N^2), & \cdots, & E(y_N^2) \\ & & \cdots & & \\ E(y_N^2), & E(y_N^2), & E(y_N^2), & \cdots, & E(y_N^2) - E(y_{N-1}^2) \end{bmatrix}$$

构建 $\boldsymbol{\Delta}_x = \begin{bmatrix} \Delta x_{N1} \\ \Delta x_{N2} \\ \vdots \\ \Delta x_{NN-1} \end{bmatrix}$ 及 $\boldsymbol{\Delta}_y = \begin{bmatrix} \Delta y_{N1} \\ \Delta y_{N2} \\ \vdots \\ \Delta y_{NN-1} \end{bmatrix}$ 的互相关矩阵，即

$$Q_{xy} = E\{\boldsymbol{\Delta}_x \boldsymbol{\Delta}_y^T\} =$$

$$\begin{bmatrix} E(x_N y_N) - E(x_1 y_1), & E(x_N y_N), & E(x_N y_N), & \cdots, & E(x_N y_N) \\ E(x_N y_N), & E(x_N y_N) - E(x_2 y_2), & E(x_N y_N), & \cdots, & E(x_N y_N) \\ & & \cdots & & \\ E(x_N y_N), & E(x_N y_N), & E(x_N y_N), & \cdots, & E(x_N y_N) - E(x_{N-1} y_{N-1}) \end{bmatrix}$$

第四步：将第三步所得 3 个矩阵组合成一个矩阵 C_{xy}，即 $C_{xy} =$ $\begin{bmatrix} Q_{xx} & Q_{xy} \\ Q_{xy} & Q_{yy} \end{bmatrix}$，将 Δ_x 和 Δ_y 组合成一个列矢量 Z_{xy}，即 $Z_{xy} = \begin{bmatrix} \Delta_x \\ \Delta_y \end{bmatrix}$。

第五步：计算 $\xi_w = Z_{xy}^T C_{xy}^{-1} Z_{xy}$。

第六步：设定显著性水平 α_w，则可确定量测值门限 M_w，再使用 ξ_w 做判断：当 $\xi_w > M_w$ 时，目标判断为运动的；当 $\xi_w \leq M_w$ 时，判断目标是静止的。

第七步：输出判断结果。

第八步：窗口滑动一个量测值后再重复上述各步骤。

实施例 2：

如图 2 所示，一种基于无源多点定位技术的目标运动-静止状态判断方法，其特征在于包括以下步骤：

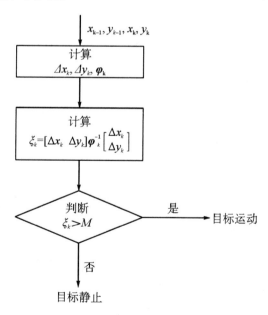

图 2　实例 2 的流程

第一步：从机场场面监视多点定位系统获取量测值 x_k、y_k。

第二步：计算几何精度因子矩阵，即 $\boldsymbol{\varphi}_k = \begin{bmatrix} E(x_k^2) & E(x_k y_k) \\ E(x_k y_k) & E(y_k^2) \end{bmatrix}$，其中 $E(x_i^2)$、$E(x_i y_i)$、$E(x_i y_i)$、$E(y_i^2)$ 表示数学期望。

第三步：计算 $\xi_k = \begin{bmatrix} \Delta x_k & \Delta y_k \end{bmatrix} \boldsymbol{\varphi}_k^{-1} \begin{bmatrix} \Delta x_k \\ \Delta y_k \end{bmatrix}$。如目标为静止状态，则 ξ_k 服从自由度为 2 的 χ^2 分布；如目标是运动状态，即 Δx_k 或 Δy_k 不再是零均值高斯随机变量，ξ_k 将会显著变大。

第四步：设定显著性水平 α，则可确定单个量测值的门限 M，再使用 ξ_k 做如下判断：

a. 当 $\xi_k > M$ 时，目标判断为运动的；

b. 当 $\xi_k \leq M$ 时，判断目标是静止的。

第五步：输出判断结果。

以上所述仅为本发明的较佳实施例而已，并不用以限制本发明，凡在本发明的精神和原则之内所做的任何修改、等同替换和改进等，均应包含在本发明的保护范围之内。

附录三 发明专利 2

一种 A/C 和 S 模式交叠信号中寻找热噪声数据的装置及方法

摘要：本发明公开一种 A/C 模式和 S 模式交叠信号中寻找热噪声数据的装置及方法。该装置包括数据采集单元、数据处理单元和数据输出单元；数据采集单元用于采集 A/C 模式和 S 模式交叠信号中一段信号数据；数据处理单元用于对采集的信号数据进行处理，并发送到所述数据输出单元；数据输出单元用于对数据处理单元处理后的数据输出；本发明提出的装置和方法，可在任意长的 A/C 模式数据和噪声、S 模式信号数据和噪声或 A/C 模式数据+S 模式信号数据和噪声所构成的交叠数据段中寻找出热噪声数据，该方法具有较好的实时性和自适应性，可以较好地实现交叠数据中热噪声数据及其统计特性的估计。实际中该方法不仅可用于寻找热噪声数据，还可用于发现杂波或寻找具有随机性质数据。

技术领域

本发明涉及热噪声数据处理领域，特别涉及一种 A/C 和 S 模式交叠信号中寻找热噪声数据的装置及方法。

背景技术

A/C 模式和 S 模式是 MLAT（多点监视技术）系统、ADS-B（广播式自动相关监视）和二次雷达系统的主要通信链路协议，已广泛应用于民航交通管制领域。A/C 模式和 S 模式信号的中心频率均为 1 090 MHz，且都属于脉位调制，即利用子脉冲的位置和电平来表示信息。

在实际中，往往需要精确地对 A/C 模式和 S 模式接收信号中热噪声的统计特性进行估计，所估计出热噪声的统计特性将在后续的解码过程中起到关键作用。

常规热噪声的统计特性估计方法是找到一段无信号（A/C 模式和 S 模式信号）的数据段（数据中只存在热噪声）来进行估计。在实际中，该方法存在如下两个问题：

（1）当发射源数目较多时，实际数据中往往存在如下情况：不同幅度、不同长度 A/C 模式和 S 模式信号进行交叠，表现为在较长的接收数据段中都存在着信号+噪声，难以找到一段足够合适的数据段（只存在热噪声的数据）

来进行热噪声统计特性的估计。

（2）实际中，系统及环境性质都在发生变化，需要实时和自适应地对热噪声特性进行估计，常规方法的实时性和自适应性较差。

本发明提出了一种方法，可在任意长的 A/C 模式数据+噪声、S 模式信号数据+噪声或 A/C 模式数据+S 模式信号数据+噪声所构成的混合数据段中寻找出热噪声数据。该方法具有较好的实时性和自适应性，可以较好地实现热噪声统计特性的估计。

实际中，该方法不仅可用于寻找热噪声数据，还可用于发现杂波或寻找具有随机性质数据寻找。

发明内容

本发明的目的是提供一种 A/C 和 S 模式交叠信号中寻找热噪声数据的装置及方法。在时间域上，设置一个数据滑动窗口，该数据滑动窗口不断在所接收信号的数据序列上进行滑动，判断和寻找出满足统计特性要求的热噪声数据，并将该数据放入估计样本集中；设置一个估计样本集，用于存放满足要求的热噪声数据；当估计样本集内数据的数目大于设定数量时，进行异常点的寻找并剔除异常点；当已剔除异常点的估计样本集的数据数目大于设定的阈值时，则可对热噪声的统计特性进行估计。

为实现上述目的，本发明提供了如下方案：

一种 A/C 和 S 模式交叠信号中寻找热噪声数据的装置，包括数据采集单元、数据处理单元和数据输出单元；所述数据采集单元用于采集 A/C 模式和 S 模式交叠信号中一段信号数据；所述数据处理单元用于将所述数据采集单元采集的信号数据进行处理，并发送到所述数据输出单元；所述数据输出单元用于将所述数据处理单元处理后的数据输出。

一种 A/C 模式和 S 模式交叠信号中寻找热噪声数据的方法，包括：

步骤 201：采集 A/C 模式和 S 模式交叠信号中一段信号数据，定义循环次数 I，初始化所述循环次数 I 为 1。

步骤 202：将所述信号数据存入数据滑动窗口。

步骤 203：删除所述数据滑动窗口内信号数据的脉冲的上升沿和下降沿。

步骤 204：将步骤 203 得到的所述数据滑动窗口内信号数据按幅度值由小到大排序。

步骤 205：判断所述循环次数是否为 1，"是"执行步骤 206，"否"执行步骤 207。

步骤 206：获取所述数据滑动窗口内前 N 个信号数据存入估计样本集，并删除所述数据滑动窗口内的所述前 N 个信号数据，N 大于 1 且小于等于所述数据滑动窗口尺寸值。

步骤 207：获取所述数据滑动窗口内的第 1 个值 x_{w1}，计算所述估计样本集的均值 $\bar{x}_n$ 和标准差 σ_n。

步骤 208：判断 $|x_{w1} - \bar{x}_n|$ 是否大于 $c_n\sigma_n$，其中 c_n 是定义常数，可设定为 2.6~4，"是"删除所述数据滑动窗口内所有数据后执行步骤 210，"否"执行步骤 209。

步骤 209：将所述 x_{w1} 放入所述估计样本集内，并从所述数据滑动窗口内删除所述 x_{w1}，执行步骤 207。

步骤 210：判断所述评估样本集的数据数目是否大于 $C1$，$C1$ 是定义常数，$C1$ 可定义为大于 10 的整数，大于等于 $C1$，则使用聚类中的异常点处理方法进行异常点去除处理得到异常点去除后的估计样本集内数据，再执行步骤 211；小于 $C1$，则所述数据滑动窗口沿着时间轴跨越一个数据滑动窗口的长度，再重新装入新的数据；所述循环次数 I 加 1，执行步骤 203。

步骤 211：判断所述异常点去除后的估计样本集内数据数目是否大于 $C2$，$C2$ 是定义常数，大于 $C2$，则使用所述估计样本集内的数据进行热噪声的统计特性估计处理；小于 $C2$，则所述数据滑动窗口沿着时间轴跨越一个数据滑动窗口的长度，再重新装入新的数据；所述循环次数 I 加 1，执行步骤 203。

步骤 212：将所述估计样本集内的数据进行由小到大的排序，并将排序后的数据放入估计样本集内；删除所述估计样本集后面的 $C3$ 个数据，$C3$ 是定义常数，得到新的估计样本集数据。

根据本发明提供的具体实施例，本发明公开了以下技术效果：

本发明实现了一种 A/C 和 S 模式交叠信号中寻找热噪声数据的装置方法，可在任意长的 A/C 模式数据和噪声、S 模式信号数据和噪声或 A/C 模式数据＋S 模式信号数据和噪声所构成的混合数据段中寻找出热噪声数据，该方法具有较好的实时性和自适应性，可以较好地实现热噪声统计特性的估计。

附图说明

为了更清楚地说明本发明实施例或现有技术中的技术方案，下面将对实施例中所需要使用的附图做简单介绍。显而易见地，下面描述中的附图仅仅是本发明的一些实施例，对于本领域普通技术人员来讲，在不付出创造性劳动性的前提下，还可以根据这些附图获得其他的附图。

图 1 为本发明一种 A/C 和 S 模式交叠信号中寻找热噪声数据的装置的结

构示意图。

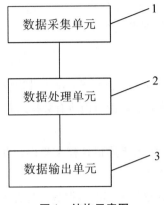

图 1　结构示意图

图 2 为本发明所述的一种 A/C 和 S 模式交叠信号中寻找热噪声数据的方法的流程示意图。

具体实施方式

下面将结合本发明实施例中的附图,对本发明实施例中的技术方案进行清楚、完整的描述,显然,所描述的实施例仅仅是本发明的一部分实施例,而不是全部的实施例。基于本发明中的实施例,本领域普通技术人员在没有做出创造性劳动前提下所获得的所有其他实施例,都属于本发明保护的范围。

本发明的目的是提供一种 A/C 和 S 模式交叠信号中寻找热噪声数据的装置及方法,可在任意长的 A/C 模式数据和噪声、S 模式信号数据和噪声或 A/C 模式数据+S 模式信号数据和噪声所构成的混合数据段中寻找出热噪声数据,该方法具有较好的实时性和自适应性,可以较好地实现热噪声统计特性的估计。实际中,该方法可以不限于热噪声数据的寻找,还可发现杂波或具有随机性质数据的寻找。

为使本发明的上述目的、特征和优点能够更加明显易懂,下面结合附图和具体实施方式对本发明做进一步详细的说明。

实施例:

如图 1、图 2 所示,一种 A/C 和 S 模式交叠信号中寻找热噪声数据的装置,包括数据采集单元(1)、数据处理单元(2)和数据输出单元(3);所述数据采集单元(1)用于采集 A/C 模式和 S 模式交叠信号中一段信号数据;所述数据处理单元(2)用于将所述数据采集单元(1)采集的信号数据进行处理,并发送到所述数据输出单元(3);所述数据输出单元(3)用于将所述数

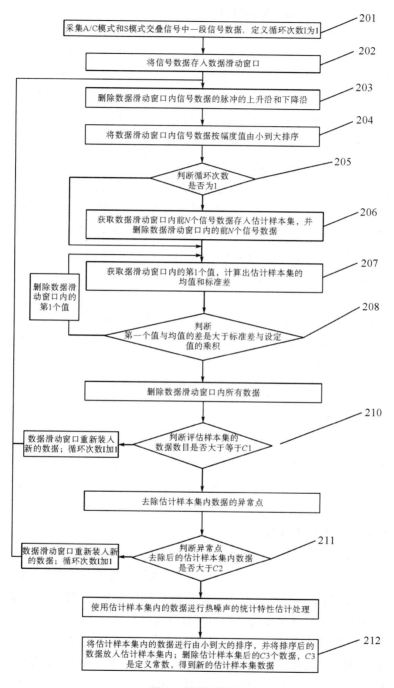

采集A/C模式和S模式交叠信号中一段信号数据, 定义循环次数I为1 ——201

将信号数据存入数据滑动窗口 ——202

删除数据滑动窗口内信号数据的脉冲的上升沿和下降沿 ——203

将数据滑动窗口内信号数据按幅度值由小到大排序 ——204

判断循环次数是否为1 ——205

获取数据滑动窗口内前N个信号数据存入估计样本集, 并删除数据滑动窗口内的前N个信号数据 ——206

获取数据滑动窗口内的第1个值, 计算出估计样本集的均值和标准差 ——207

删除数据滑动窗口内的第1个值

判断第一个值与均值的差是大于标准差与设定值的乘积 ——208

删除数据滑动窗口内所有数据

判断评估样本集的数据数目是否大于等于C1 ——210

数据滑动窗口重新装入新的数据; 循环次数I加1

去除估计样本集内数据的异常点

数据滑动窗口重新装入新的数据; 循环次数I加1

判断异常点去除后的估计样本集内数据是否大于C2 ——211

使用估计样本集内的数据进行热噪声的统计特性估计处理

将估计样本集内的数据进行由小到大的排序, 并将排序后的数据放入估计样本集; 删除估计样本集后的C3个数据, C3是定义常数, 得到新的估计样本集数据 ——212

图2 流程示意图

据处理单元（2）处理后的数据输出。

一种 A/C 和 S 模式交叠信号中寻找热噪声数据的方法，包括：

步骤 201：将一个整数变量定义为循环次数，并将循环次数的初始值设为 1；设定两个数据集，一个是估计样本集，在初始设定时，估计样本集内无元素；一个是数据滑动窗口，数据滑动窗口包含了一段实时接收的数据（信号+噪声），数据滑动窗口可在所接收信号的数据序列上的任意位置开始。

步骤 202：将信号数据存入数据滑动窗口。

步骤 203：删除数据滑动窗口内脉冲的上升沿和下降沿。

步骤 204：将数据滑动窗口中的数据进行由小到大的排序（幅度值）后，并重新放入数据滑动窗口。因为热噪声值一般都小于信号值，排序处理将热噪声数据和存在信号的数据分开：热噪声数据排在数据滑动窗口的前面，而存在信号的数据排在数据滑动窗口的后面，这有利于后续的处理。

步骤 205：判断所述循环次数是否为 1，是执行步骤 206，否执行步骤 207。

步骤 206：获取所述数据滑动窗口内前 N 个信号数据存入估计样本集，并删除所述数据滑动窗口内的所述前 N 个信号数据，N 大于 1 且小于等于所述数据滑动窗口尺寸值。

步骤 207：获取所述数据滑动窗口内的第 1 个值 x_{w1}，计算所述估计样本集的均值 $\bar{x}_n$ 和标准差 σ_n。

步骤 208：判断 $|x_{w1} - \bar{x}_n|$ 是否大于 $c_n\sigma_n$，其中 c_n 是定义常数，可设定为 2.6~4，是删除所述数据滑动窗口内所有数据后执行步骤 210，否执行步骤 209。

步骤 209：将所述 x_{w1} 放入所述估计样本集内，并从所述数据滑动窗口内删除所述 x_{w1}；执行步骤 207。

步骤 210：判断所述评估样本集的数据数目是否大于 $C1$，$C1$ 是定义常数，$C1$ 可定义为大于 10 的整数，大于等于 $C1$，则使用聚类中的异常点处理方法进行异常点去除处理得到异常点去除后的估计样本集内数据，再执行步骤 211；小于 $C1$，则所述数据滑动窗口沿着时间轴跨越一个数据滑动窗口的长度，再重新装入新的数据；所述循环次数 I 加 1，执行步骤 203。

步骤 211：将所述估计样本集内的数据进行由小到大的排序，并将排序后的数据放入估计样本集内；删除所述估计样本集后面的 $C3$ 个数据，$C3$ 是定义常数，可定义为估计样本集内数据数目的 1/10~1/3，得到新的估计样本集数据。所述数据滑动窗口沿着时间轴跨越一个数据滑动窗口的长度，再重新装入新的数据；所述循环次数 I 加 1，执行步骤 203。

步骤 212：要使用估计样本集内数据的数据进行热噪声的统计特性估计处理，则估计样本集内数据数目需要大于 $C2$，$C2$ 是定义常数，$C2$ 与所要求的噪声特性的估计精度有关，可根据所要求的精度确定。

上述步骤中 c_n、$C1$、$C2$、$C3$、N 都是预先定义的正整数值。

本书应用具体个例对本发明的原理及实施方式进行了阐述，以上实施例的说明只是用于帮助理解本发明的方法及其核心思想；同时，对于本领域的一般技术人员，依据本发明的思想，在具体实施方式及应用范围上均会有改变之处。综上所述，本说明书内容不应理解为对本发明的限制。

附录四　发明专利 3

一种基于幅度组合的交叠信号消除系统

摘要：本发明公开了一种基于聚类的交叠信号消除方法及系统。该方法包括：获取滑动窗接收的数据；滑动窗通过在时间轴上进行滑动收集对应的时间段内接收到的信号，并确定信号的幅度值；将数据按幅度值进行聚类，得到具有不同幅度范围的簇；根据各个簇内幅度值的均值之间的关系确定每个簇为基本簇或组合簇；若簇为组合簇，确定组合簇与基本簇的组合关系；根据组合簇与基本簇的组合关系，将组合簇内的数据划分到对应的基本簇内；对前后两个滑动窗内的基本簇进行拼接，得到非交叠信号。本发明公开的方法及系统，能够用于不同类型的脉位调制信号构成的交叠信号的消除，具有通用性。

技术领域

本发明涉及通信技术领域，特别是涉及一种基于幅度组合的交叠信号消除方法及系统。

背景技术

A/C 模式和 S 模式是多点定位（multilateration，MLAT）系统、广播式自动相关监视（automatic dependent surveillance-broadcast，ADS-B）系统和二次雷达系统的主要通信协议，已广泛应用于民航交通管制领域。

信号的交叠是指多个不同幅度、不同起始时间的原始信号在时间域上的线性叠加。

A/C 模式信号和 S 模式信号的中心频率均为 1 090 MHz，且都属于脉位调制，即利用子脉冲的位置和电平来表示信息并通过解码来获得信息。当发射源数量较多时，在接收端的接收信号中易出现多个不同发射源的 A/C 模式信号或 S 模式信号的交叠，或者 S 模式信号与 A/C 信号的交叠，从而造成误码率的上升。

现有的交叠信号消除方法大都建立在 A/C 模式信号或 S 模式信号的信号特性的基础上，只能针对 A/C 模式信号或 S 模式信号中的一种信号的交叠，而不能消除 S 模式信号与 A/C 信号的交叠，也不能消除其他两种或两种以上脉位调制信号之间的交叠，不具有通用性。

发明内容

本发明的目的是提供一种基于幅度组合的交叠信号消除方法及系统，既能消除 A/C 模式信号或 S 模式信号的交叠，也能消除 S 模式信号与 A/C 信号的交叠，能够用于不同类型的脉位调制信号构成的交叠信号的消除，具有通用性。

为实现上述目的，本发明提供了如下方案：

一种基于幅度组合的交叠信号消除方法，包括：

步骤 101：获取滑动窗接收的数据；所述滑动窗为时间轴上对应预设时间段的时间窗；所述滑动窗通过在时间轴上进行滑动收集对应的所述时间段内接收到的信号，并确定所述信号的幅度值。

步骤 102：将所述数据按幅度值进行分类，得到具有不同幅度值范围的簇；所述簇为幅度值在所述幅度值范围的数据的集合。

步骤 103：根据所述簇内的所述幅度值的均值确定所述簇为基本簇或组合簇，若所述簇为组合簇，确定所述组合簇与所述基本簇的组合关系；所述基本簇为由同一种同一幅度的独立信号构成的数据的集合；所述组合簇为由多种幅度的独立信号交叠构成的数据的集合。

步骤 104：根据所述组合簇与所述基本簇的组合关系，将所述组合簇内的数据划分到对应的基本簇内。

步骤 105：对前后两个所述滑动窗内的所述基本簇进行拼接，得到非交叠信号。

将所述数据按幅度值进行分类，可得到具有不同幅度范围的簇，具体包括：

步骤 201：将所述滑动窗口中的数据复制一份，形成待处理数据集。

步骤 202：删除所述待处理数据集中的噪声数据。

步骤 203：定义一个新簇作为当前簇，所述当前簇为空集。

步骤 204：获取所述待处理数据集中幅度值为最值的数据，得到最值幅度数据；所述幅度值为最值的数据为所述待处理数据集中幅度值最大的数据或所述待处理数据集中幅度值最小的数据。

步骤 205：将所述最值幅度数据移入所述当前簇。

步骤 206：判断所述待处理数据集中是否有数据，得到第一判断结果。

步骤 207：若所述第一判断结果表示所述待处理数据集中有数据时，则获得所述待处理数据集中幅度值为最值的数据 x_m^w 和所述当前簇内数据的幅度值的均值 $\overline{x_c}$，并执行步骤 208；若所述第一判断结果表示所述待处理数据集中无数据时，执行步骤 210。

步骤 208：判断 $|x_m^w - \bar{x_c}| \leq c_1\sigma_1$ 是否成立；其中 c_1 为常数，σ_1 为噪声标准差；

步骤 209：若成立，则将所述幅度值为最值的数据 x_m^w 移入所述当前簇，记录幅度值为最值的数据 x_m^w 在所述滑动窗中的位置，并返回执行步骤 206；若不成立，则返回步骤 203。

步骤 210：删除错误的簇和错误的簇内数据。

根据所述簇内的所述幅度值的均值确定所述簇为基本簇或组合簇，若所述簇为组合簇，确定所述组合簇与所述基本簇的组合关系，具体包括：

步骤 301：计算每个簇的均值和方差；所述簇的均值为所述簇内的数据的幅度值的均值；所述簇的方差为所述簇内的数据的幅度值的方差。

步骤 302：从各所述簇的均值中筛选出最小的两个均值，构成基本簇均值集合，并将所述最小的两个均值所对应的簇标记为基本簇。

步骤 303：将所述最小的两个均值所对应的簇之外的簇的均值组合成待判断簇均值集合。

步骤 304：指定排列组合数大于或等于 2，确定所述基本簇均值集合中所有元素的所有排列组合，得到多个基本簇均值组合。

步骤 305：计算所述待判断簇均值集合中均值最小的簇均值，得到最小簇均值。

步骤 306：计算所述最小簇均值与每个所述基本簇均值组合相对应得到的归一化统计量。

步骤 307：计算所述归一化统计量中的最小归一化统计量。

步骤 308：判断所述最小归一化统计量是否满足设定统计条件；若满足，则执行步骤 309；若不满足，则执行步骤 310。

步骤 309：确定所述最小簇均值对应的簇为组合簇，且所述组合簇由最小归一化统计量对应的基本簇均值组合所对应的基本簇构成，记录所述组合簇的位置信息并将所述组合簇的均值从所述待判断簇均值集合中移出，执行步骤 311。

步骤 310：确定所述最小簇均值对应的簇为基本簇，并将所述基本簇均值移入所述基本簇均值集合中，执行步骤 311。

步骤 311：判断所述待判断簇均值集合是否为空集；若是，则执行步骤 312；若不是，则返回步骤 304。

步骤 312：结束流程。

根据所述组合簇与所述基本簇的组合关系，将所述组合簇内的数据划分到对应的基本簇内，具体包括：

步骤 401：对于每一个滑动窗，构建一个与所述滑动窗结构相同的基本簇窗。

步骤 402：根据所述基本簇在所述滑动窗内的位置，将所述基本簇的均值放在所述基本簇窗中与所述基本簇在所述滑动窗内的位置相对应的位置上。

步骤 403：根据所述组合簇在所述滑动窗内的位置，将构成所述组合簇的所述基本簇的簇均值放在所述基本簇窗中与所述组合簇在所述滑动窗内的位置相对应的位置上。

对前后两个所述滑动窗内的所述基本簇进行拼接，得到非交叠信号，具体包括：

步骤 501：判断所述基本簇窗内同一均值大小的基本簇的长度是否满足信号长度的大小，得到第三判断结果。

步骤 502：若所述第三判断结果表示所述基本簇窗内同一均值大小的基本簇的长度满足信号长度的大小，则对所述基本簇进行解码；若所述第三判断结果表示所述基本簇窗内同一均值大小的基本簇的长度小于信号长度的大小，则将该基本簇与所述基本簇窗前后的基本簇窗内均值相同的基本簇进行合并，并对合并后的基本簇进行解码。

本发明还公开了一种基于幅度组合的交叠信号消除系统，包括：

（1）数据获取模块，用于获取滑动窗接收的数据；所述滑动窗为时间轴上对应预设时间段的时间窗；所述滑动窗通过在时间轴上进行滑动收集对应的所述时间段内接收到的信号，并确定所述信号的幅度值。

（2）数据聚类模块，用于将所述数据按幅度值进行分类，得到具有不同幅度值范围的簇；所述簇为幅度值在所述幅度值范围的数据的集合。

（3）簇类型确定模块，用于根据所述簇内的所述幅度值的均值确定所述簇为基本簇或组合簇，若所述簇为组合簇，确定所述组合簇与所述基本簇的组合关系；所述基本簇为由同一种同一幅度的独立信号构成的数据的集合；所述组合簇为由多种幅度的独立信号交叠构成的数据的集合。

（4）组合簇分解模块，用于根据所述组合簇与所述基本簇的组合关系，将所述组合簇内的数据划分到对应的基本簇内。

（5）簇拼接模块，用于对前后两个所述滑动窗内的所述基本簇进行拼接，得到非交叠信号。

可选的，所述数据聚类模块，具体包括：

（1）数据复制单元，用于将所述滑动窗口中的数据复制一份，形成待处理数据集。

（2）去噪单元，用于删除所述待处理数据集中的噪声数据。

（3）当前簇定义单元，用于定义一个新簇作为当前簇，所述当前簇为空集。

（4）最值计算单元，用于获取所述待处理数据集中幅度值为最值的数据，得到最值幅度数据；所述幅度值为最值的数据为所述待处理数据集中幅度值最大的数据或所述待处理数据集中幅度值最小的数据。

（5）当前簇初始化单元，用于将所述最值幅度数据移入所述当前簇。

（6）第一空集判断单元，用于判断所述待处理数据集中是否有数据，得到第一判断结果。

（7）最值均值计算单元，用于当所述第一判断结果表示所述待处理数据集中有数据时，则获得所述待处理数据集中幅度值为最值的数据 x_m^w 和所述当前簇内数据的幅度值的均值 $\overline{x_c}$，并执行不等式判断单元；若所述第一判断结果表示所述待处理数据集中无数据时，执行错误删除单元。

（8）不等式判断单元，用于判断 $|x_m^w - \overline{x_c}| \leqslant c_1\sigma_1$ 是否成立；其中 c_1 为常数，σ_1 为噪声标准差。

（9）数据聚类单元，用于若 $|x_m^w - \overline{x_c}| \leqslant c_1\sigma_1$ 成立，则将所述幅度值为最值的数据 x_m^w 移入所述当前簇，记录幅度值为最值的数据 x_m^w 在所述滑动窗中的位置，并返回执行所述空集判断单元；若 $|x_m^w - \overline{x_c}| \leqslant c_1\sigma_1$ 不成立，则返回执行所述当前簇定义单元。

（10）错误删除单元，用于删除错误的簇和错误的簇内数据。

可选的，所述簇类型确定模块，具体包括：

（1）均值方差计算单元，用于计算每个簇的均值和方差；所述簇的均值为所述簇内的数据的幅度值的均值；所述簇的方差为所述簇内的数据的幅度值的方差。

（2）最小两均值筛选单元，用于从各所述簇的均值中筛选出最小的两个均值，构成基本簇均值集合，并将所述最小的两个均值所对应的簇标记为基本簇。

（3）簇组合单元，用于将所述最小的两个均值所对应的簇之外的簇的均值组合成待判断簇均值集合。

（4）排列组合单元，用于指定排列组合数大于或等于 2，确定所述基本簇均值集合中所有元素的所有排列组合，得到多个基本簇均值组合。

（5）最小簇均值计算单元，用于计算所述待判断簇均值集合中均值最小的簇均值，得到最小簇均值。

（6）归一化单元，用于计算所述最小簇均值与每个所述基本簇均值组合相对应得到的归一化统计量。

（7）最小统计量计算单元，用于计算所述归一化统计量中的最小归一化统计量。

（8）统计条件判断单元，用于判断所述最小归一化统计量是否满足设定统计条件；若满足，则执行组合簇确定单元；若不满足，则执行基本簇确定单元。

（9）组合簇确定单元，用于确定所述最小簇均值对应的簇为组合簇，且所述组合簇由最小归一化统计量对应的基本簇均值组合所对应的基本簇构成，记录所述组合簇的位置信息并将所述组合簇的均值从所述待判断簇均值集合中移出。

（10）基本簇确定单元，用于确定所述最小簇均值对应的簇为基本簇，并将所述基本簇均值移入所述基本簇均值集合中。

（11）第二空集判断单元，用于判断所述待判断簇均值集合是否为空集；若是，则执行终止单元；若不是，则返回排列组合单元。

（12）终止单元，用于结束流程。

可选的，所述组合簇分解模块，具体包括：

（1）基本簇窗构建单元，用于对于每一个滑动窗，构建一个与所述滑动窗结构相同的基本簇窗。

（2）基本簇还原单元，用于根据所述基本簇在所述滑动窗内的位置，将所述基本簇的均值放在所述基本簇窗中与所述基本簇在所述滑动窗内的位置相对应的位置上。

（3）组合簇还原单元，用于根据所述组合簇在所述滑动窗内的位置，将构成所述组合簇的所述基本簇的簇均值放在所述基本簇窗中与所述组合簇在所述滑动窗内的位置相对应的位置上。

可选的，所述簇拼接模块，具体包括：

（1）簇长度判断单元，用于判断所述基本簇窗内同一均值大小的基本簇的长度是否满足信号长度的大小，得到第三判断结果。

（2）解码单元，用于若所述第三判断结果表示所述基本簇窗内同一均值大小的基本簇的长度满足信号长度的大小，则对所述基本簇进行解码；若所述第三判断结果表示所述基本簇窗内同一均值大小的基本簇的长度小于信号长度的大小，则将该基本簇与所述基本簇窗前后的基本簇窗内均值相同的基本簇进行合并，并对合并后的基本簇进行解码。

根据本发明提供的具体实施例，本发明公开了以下技术效果：本发明公开的基于幅度组合的交叠信号消除方法及系统，通过对数据进行簇聚类、簇类型区分和交叠信号的恢复处理，使得本发明的方法及系统只针对脉冲信号的幅度进行运算，不拘泥于脉冲信号的特性，能够适用于各种脉位调制信号之间的交叠信号的消除，具有通用性。

附图说明

为了更清楚地说明本发明实施例或现有技术中的技术方案，下面将对实施例中所需要使用的附图做简单介绍，显而易见地，下面描述中的附图仅仅是本发明的一些实施例，对于本领域普通技术人员来讲，在不付出创造性劳动性的前提下，还可以根据这些附图获得其他的附图。

图1为本发明基于幅度组合的交叠信号消除方法实施例的方法流程。

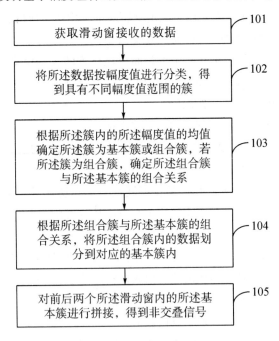

图1 实施例的方法流程

图 2 为本发明基于幅度组合的交叠信号消除方法实施例的步骤 102 具体过程的方法流程。

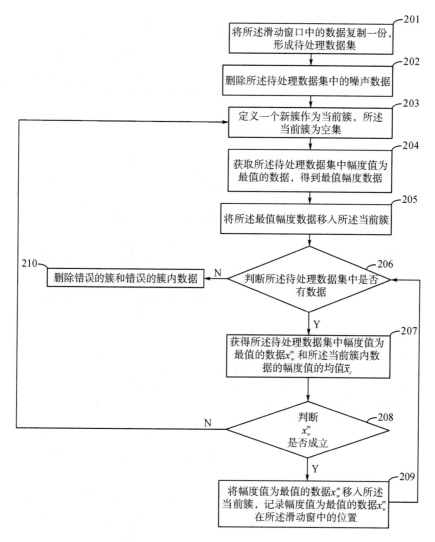

图 2　步骤 102 具体过程的方法流程

图 3 为本发明基于幅度组合的交叠信号消除方法实施例的步骤 103 具体过程的方法流程。

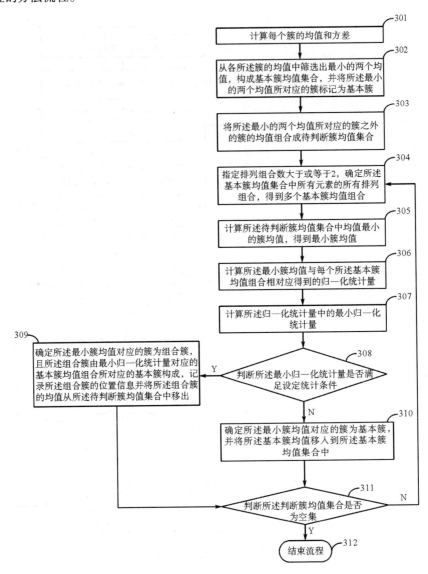

图 3　步骤 103 具体过程的方法流程

图 4 为本发明基于幅度组合的交叠信号消除方法实施例的步骤 104 具体过程的方法流程。

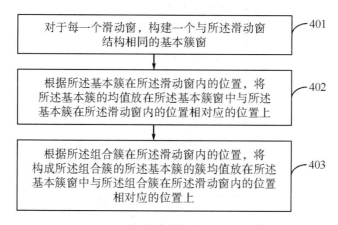

图 4　步骤 104 具体过程的方法流程

图 5 为本发明基于幅度组合的交叠信号消除方法实施例的步骤 105 具体过程的方法流程。

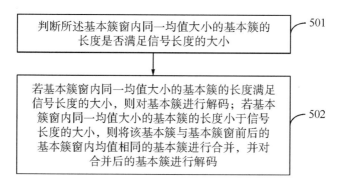

图 5　步骤 105 具体过程的方法流程

图 6 为本发明基于幅度组合的交叠信号消除系统实施例的系统结构。

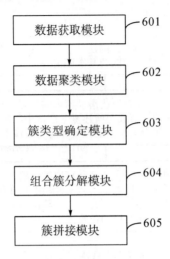

图 6　系统实施例的系统结构

附录五　基于无源多点定位系统的双门限关联方法

本技术是在实际工程中所设计的应用于 MLAT 系统中一种目标关联方法

民用航空多点定位监视系统属于基于时差定位的无源定位系统。该系统中有多个分布于不同地理位置的信号接收站。各接收站将测量监视目标应答信号到达各信号接收站的时间（TOA），之后中心处理子系统计算该监视目标所发应答信号到达各信号接收站的时间差（TDOA）。最终，多点定位系统将利用 3 个以上信号接收站的时间差 TDOA 来计算出监视目标的精确位置并输出结果，这些关于监视目标位置的结果被称为量测值。

监视目标的运动形式较为复杂，监视目标在跑道及滑行道存在着加减速直线运动、匀速直线运动、转弯变速运动、静止等形式，在停机坪区域则存在静止、匀速直线运动等形式。由此，基于单门限跟踪滤波器的常规关联算法易出现模型失配情况，即出现大量超过关联门限的量测值。实测数据表明，这种情况多出现在转弯时，当目标恢复到直线运动时，模型重新匹配，量测值恢复正常。

上述问题的实际表现形式为：在某些区域，目标航迹频繁跟踪终结和重新起始。由于量测值本身还存在由于外界干扰或内部系统失配而引起的孤立"野值"点，有时甚至会造成错误目标关联的发生。所谓目标关联是指将量测值与已知目标航迹做比对并确定合理的量测/航迹配对的过程。

具体实施方式

下面结合附图，对本技术做详细的说明。

如图 1 所示，一种基于无源多点定位系统的双门限关联方法，包括以下步骤：

第一步：同时使用跟踪滤波器 1 和跟踪滤波器 2 接收多点定位系统的量测值，初始状态为关联双门限结构。

第二步：跟踪滤波器 1 和跟踪滤波器 2 分别计算量测值的残差。

第三步：将跟踪滤波器 1 计算出的残差与预设的关联小门限比较，将跟踪滤波器 2 计算出的残差与预设的关联大门限比较；若跟踪滤波器 1 计算出的残差小于或等于关联小门限，则执行第四步；若跟踪滤波器 1 计算出的残差大于关联小门限且跟踪滤波器 2 计算出的残差小于或等于关联大门限，则执行第五步；若跟踪滤波器 1 和跟踪踪滤波器 2 计算出的残差均大于关联大门限，则执行第六步。

第四步：关闭跟踪滤波器 2，将量测值进行航迹关联处理，进入关联单门限结构，执行第七步。

第五步：用跟踪滤波器 1 做去野值处理，即将航迹的预测值代替实际量测值进行更新处理，当满足条件的量测值数量达到预设数量后，重新启动跟踪滤波器 1 并用跟踪滤波器 2 的估计参数完成初始化，然后维持关联双门限结构从第一步继续执行。

第六步：当满足条件的量测值数量达到预设数量后，重新启动跟踪滤波器 1 及跟踪滤波器 2，然后维持关联双门限结构从第一步继续执行。

第七步：为关联单门限结构时，跟踪滤波器 1 接收多点定位系统的量测值并计算其残差，然后将残差与关联小门限比较；若残差小于或等于关联小门限，则将量测值进行航迹关联处理之后继续计算下一个量测值的残差；若残差大于关联小门限且小于关联大门限，则重新启动跟踪滤波器 2 并用跟踪滤波器 1 的估计参数完成初始化，然后维持关联双门限结构从第一步开始执行；若残差大于或等于关联大门限时，则用跟踪滤波器 1 做去野值处理，当野值数量达到预设门限数量后，重新启动跟踪滤波器 1 完成初始化，然后维持关联双门限结构从第一步继续执行。

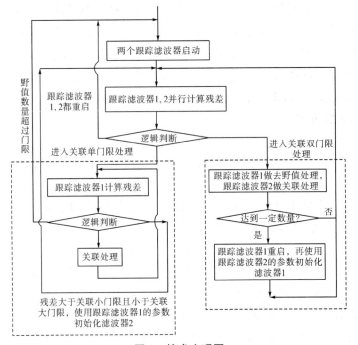

图 1　技术实现图

附录六　本书部分 MATLAB 代码

一、定位算法

```
clear all;
clc;
close all;
%%%%%%%%%%%%%%%%%%%%%%%%%%%%%%%%%%%%%%%%%%
%%%%%%%%%%%%%%%%%%%%%%%%%%%%%%%%
```
%本程序的作用是验证带高度二维定位算法及三维定位算法的理论值与仿真值的对应关系,同时还需要计算二维和三维定位算法由于条件数而造成的误差个数;

```
%程序编制者:
%编制时间:
%程序运行情况:
%最后修改时间:
%%%%%%%%%%%%%%%%%%%%%%%%%%%%%%%%%%%%%%%%%
%%%%%%%%%%%%%%%%%%%%%%%%%%%%%%%%

c=3e8;%
noise_std=6e-9;%
%%站点坐标
sx=[-114.199 280 039 007;-331.837 088 715 123;586.891 453 025 958;683.941
715 634 566;556.024 140 195 756;-331.926 465 984 318;0;-0.098 852 410 591 007 3];%
sy=[2 913.697 043 836 78;-240.138 363 887 517;1 854.460 463 780 55;3
116.517 545 301 58;1 166.376 654 960 01;422.073 611 019 254;0;3 527.896 144 205
86];%
sz=[-3.489 797 803 522 37;-5.383 169 583 459 3;28.302 105 333 559;18.578 232
944 179 4;-4.601 390 093 719 2;-4.512 665 104 481 47;0;-5.710 445 747 894 25];%
target_vector=[200;1 777.7;-10];%目标坐标 1 837.3;2 077.7
a_height=target_vector(3,1);%目标高度
figure;
```

```
plot(sx,sy,´s´)
hold on;
plot(target_vector(1,1),target_vector(2,1),´r * ´);
legend(´站点´,´目标´);
mu=3;%奇异点倍数
[GDOP_2d_Matrix,cond_2d_n]=GDOP_2d_with_height_function(sx,sy,sz,
target_vector);
    %带高度定位算法的 GDOP
GDOP_2d_Matrix=GDOP_2d_Matrix * (c * noise_std)^2;%定位的 CRLB
x_2d_threshold=mu * sqrt(GDOP_2d_Matrix(1,1));%x 轴误差标准差
y_2d_threshold=mu * sqrt(GDOP_2d_Matrix(2,2));%y 轴误差标准差
xy_2d_threshold=mu * sqrt(GDOP_2d_Matrix(1,1)+GDOP_2d_Matrix(2,
2));%
    G2=GDOP_2d_Matrix;%
    inv_G2=inv(G2);%
    [GDOP_3d_Matrix,cond_3d_n]=GDOP3_function(sx,sy,sz,target_vector);
    %三维定位算法的 GDOP
GDOP_3d_Matrix=GDOP_3d_Matrix * (c * noise_std)^2;%定位的 CRLB
x_3d_threshold=mu * sqrt(GDOP_3d_Matrix(1,1));%x 轴误差标准差
y_3d_threshold=mu * sqrt(GDOP_3d_Matrix(2,2));%y 轴误差标准差
xy_3d_threshold=mu * sqrt(GDOP_3d_Matrix(1,1)+GDOP_3d_Matrix(2,
2));%
    G3=GDOP_3d_Matrix(1:2,1:2);%
    inv_G3=inv(G3);%
    threshold_value=11.6;%
    cycle_n=10 000;%蒙特卡洛循环个数
    localization_2d_x_vector=zeros(1,1);%初始化
    localization_2d_y_vector=zeros(1,1);%初始化
    temp_2d_x=0;%初始化
    temp_2d_y=0;%初始化
    m_2d_x=0;%初始化
    m_2d_y=0;%初始化
    localization_3d_x_vector=zeros(1,1);%初始化
```

```
localization_3d_y_vector = zeros(1,1);%初始化
temp_3d = 0;%初始化
temp_2d = 0;%
erorr_n_2d = 0;%
erorr_n_3d = 0;%
for k = 1:cycle_n    %%开始蒙特卡洛循环
    TOA_vector = zeros(length(sy),1);%初始化 TOA 矢量
    TDOA = 0;%
    for i = 1:length(sy)
        TOA_vector(i,1) = norm([sx(i,1);sy(i,1);sz(i,1)]-target_vector)/c+
        noise_std * randn(1,1);              %带噪的各站 TOA
    end
    %%获得 TDOA
    for i = 2:length(sy)
        TDOA(i-1,1) = TOA_vector(i,1)-TOA_vector(1,1);%计算以站 1 为基准
        站的 TDOA
    end
[localization_2d_vector,s2] = Chan_2d_with_heigh_function(sx,sy,sz,a_
height,TOA_vector,1,target_vector);%带高度的二维定位算法解算
    if s2 == 0    %%s2 == 0,表示正常解算,s2 == 1 表示无法正常解算
    localization_1_2d_vector = localization_2d_vector-target_vector(1:2,1);%
    ks_2 = localization_1_2d_vector´ * inv_G2 * localization_1_2d_vector;%
    if ks_2<threshold_value
        temp_2d = temp_2d+1;%加 1
        localization_2d_x_vector(temp_2d,1) = localization_2d_vector(1,1);%x
解算值
        localization_2d_y_vector(temp_2d,1) = localization_2d_vector(2,1);%y
解算值
    else
        erorr_n_2d = erorr_n_2d+1;%超过门限的计数值
    end;%
    else
    erorr_n_2d = erorr_n_2d+1;%无法正常解算的计数值
```

```
end

if length(sx)>=4

[localization_3d_vector,s3]=Chan_3d_function(sx,sy,sz,TOA_vector,1,
target_vector);

%三维定位解算

if s3==0 %%s3==0,表示正常解算,s3==1 表示无法正常解算

localization_1_3d_vector=localization_3d_vector(1:2,1)-target_vector(1:2,1);%

ks_3=localization_1_3d_vector´*inv_G3*localization_1_3d_vector;%

if ks_3<threshold_value

    temp_3d=temp_3d+1;%

    localization_3d_x_vector(temp_3d,1)=localization_3d_vector(1,1);%

    localization_3d_y_vector(temp_3d,1)=localization_3d_vector(2,1);

else

    erorr_n_3d=erorr_n_3d+1;%超过门限的计数值

end;%

else

erorr_n_3d=erorr_n_3d+1;%无法正常解算的计数值

end;%

end

end

std_2d_t=sqrt(GDOP_2d_Matrix(1,1)+GDOP_2d_Matrix(2,2))

std_2d_m=sqrt(var(localization_2d_x_vector)+var(localization_2d_y_vector))

std_3d_t=sqrt(GDOP_3d_Matrix(1,1)+GDOP_3d_Matrix(2,2))

std_3d_m=sqrt(var(localization_3d_x_vector)+var(localization_3d_y_vector))

erorr_n_2d

erorr_n_3d


function [estimated_vector,s]=Chan_3d_function(sx_vector,sy_vector,

sz_vector,TOA_vector,refer_s,t_vector)

%%%%%%%%%%%%%%%%%%%%%%%%%%%%%%%%%%%%%%%
%%%%%%%%%%%%%%%%%%%%%%%%%%

%函数功能:基于 Chan 算法解算出目标三维位置

%
```

%输入参数:

%　　　　sx_vector:站点 x 坐标矢量

%　　　　sy_vector:站点 y 坐标矢量

%　　　　sz_vector:站点 z 坐标矢量

%　　　　TOA_vector:站点接收 TOA 数据

%　　　　refer_s:参考站点

%输出参数:estimated_vector:x,y,z 坐标估计值

%

%程序编制者:

%编制时间:

%程序运行结果:

%最后修改时间:

%%%%%%%%%%%%%%%%%%%%%%%%%%%%%%%%%%%%%
%%%%%%%%%%%%%%%%%%%%%%%%%%%

c=3e8;%

[s_n,s_m]=size(sx_vector);

[TOA_n,TOA_m]=size(TOA_vector);

if max([s_n,s_m])<3

　　msgbox('站点数目小于3','错误!!!');

　　return;

elseif max([s_n,s_m])~=max([TOA_n,TOA_m])

　　msgbox('站点数目与 TOA 数目不匹配','错误!!!');

　　return;

end

if s_n<s_m

　sx_vector=sx_vector';

　sy_vector=sy_vector';

　sz_vector=sz_vector';

elseif TOA_n<TOA_m

　TOA_vector=TOA_vector';

elseif length(sx_vector)~=length(TOA_vector)

　　　msgbox('站点数目与 TOA 数目不匹配','错误!!!');

　　return;

end

%%当站点数目为 4 个时的处理

if length(sx_vector)= =4

  K1=sx_vector(1,1)^2+sy_vector(1,1)^2+sz_vector(1,1)^2;%

  K2=sx_vector(2,1)^2+sy_vector(2,1)^2+sz_vector(2,1)^2;%

  K3=sx_vector(3,1)^2+sy_vector(3,1)^2+sz_vector(3,1)^2;%

  K4=sx_vector(4,1)^2+sy_vector(4,1)^2+sz_vector(4,1)^2;%

temp_M=[sx_vector(2,1)-sx_vector(1,1),sy_vector(2,1)-sy_vector(1,1),

sz_vector(2,1)-sz_vector(1,1);...

  sx_vector(3,1)-sx_vector(1,1),sy_vector(3,1)-sy_vector(1,1),sz_vector

(3,1)-sz_vector(1,1);...

  sx_vector(4,1)-sx_vector(1,1),sy_vector(4,1)-sy_vector(1,1),sz_vector

(4,1)-sz_vector(1,1)];%

  rd_vector=[TOA_vector(2,1)-TOA_vector(1,1);TOA_vector(3,1)-TOA_

vector(1,1);TOA_vector(4,1)-TOA_vector(1,1)].*c;%

  temp_M1=-1.*inv(temp_M);%

  temp_a_vector=temp_M1*rd_vector;%

  temp_b_vector=temp_M1*([rd_vector(1,1)^2-K2+K1;rd_vector(2,1)^2-

K3+K1;rd_vector(3,1)^2-K4+K1]./2);%

  ax=temp_a_vector(1,1);%

  ay=temp_a_vector(2,1);%

  az=temp_a_vector(3,1);%

  bx=temp_b_vector(1,1);%

  by=temp_b_vector(2,1);%

  bz=temp_b_vector(3,1);%

  t_a=ax^2+ay^2+az^2-1;%

  t_b=2*(-sx_vector(1,1)*ax-sy_vector(1,1)*ay-sz_vector(1,1)*az+ax

*bx+ay*by+az*bz);%

  t_c=(K1-2*sx_vector(1,1)*bx-2*sy_vector(1,1)*by-2*sz_vector(1,

1)*bz+bx^2+by^2+bz^2);%

  r11=(-t_b+sqrt(t_b^2-4*t_a*t_c))/(2*t_a);%

  r21=(-t_b-sqrt(t_b^2-4*t_a*t_c))/(2*t_a);%

  %%解出的 r1 值有可能两个正数或负数,下面是对应的处理方法

```
if real(r11)<0 && real(r21)<0
    estimated_vector=0;%
    s=1;%
    return;
elseif real(r11)>0 && real(r21)<0
    temp_x=ax * real(r11)+bx;%
    temp_y=ay * real(r11)+by;
    estimated_vector=[temp_x;temp_y];%
    s=0;%
elseif real(r11)<0 && real(r21)>0
    temp_x=ax * real(r21)+bx;%
    temp_y=ay * real(r21)+by;
    estimated_vector=[temp_x;temp_y];%
    s=0;%
elseif real(r11)>0&&real(r21)>0
    temp1_x=ax * real(r11)+bx;
    temp1_y=ay * real(r11)+by;
    temp2_x=ax * real(r21)+bx;%
    temp2_y=ay * real(r21)+by;%
    temp_r1=[temp1_x;temp1_y];
    temp_r2=[temp2_x;temp2_y];
    if norm(temp_r1-t_vector(1:2,1))<=norm(temp_r2-t_vector(1:2,1))
        estimated_vector=temp_r1;
        s=0;%
    else
        estimated_vector=temp_r2;
        s=0;%
    end
end
return;
end
M=length(sy_vector)-1;%
Q_Matrix=eye(M,M)+ones(M,M);%
```

```matlab
TDOA_vector = zeros(M,1);%
G1_Matrix = zeros(M,4);%
temp_count = 0;%
h1_vector = zeros(M,1);%
refer_K = (norm([sx_vector(refer_s,1);sy_vector(refer_s,1);sz_vector(refer_
s,1)]))^2;%
    for i = 1:M+1
        if i ~ = refer_s
            temp_count = temp_count+1;%
            rd = (TOA_vector(i,1)-TOA_vector(refer_s,1)) * c;%
TDOA_vector(temp_count,1) = (TOA_vector(i,1)-
TOA_vector(refer_s,1));%
            xd = sx_vector(i,1)-sx_vector(refer_s,1);
            yd = sy_vector(i,1)-sy_vector(refer_s,1);
            zd = sz_vector(i,1)-sz_vector(refer_s,1);
            K = (norm([sx_vector(i,1);sy_vector(i,1);sz_vector(i,1)]))^2;%
            G1_Matrix(temp_count,:) = -[xd,yd,zd,rd];%
            h1_vector(temp_count,1) = (rd^2-K+refer_K)/2;%
        end
    end
    Q_Matrix = Q_Matrix;
    z0_vector = inv(G1_Matrix´ * inv(Q_Matrix) * G1_Matrix) * G1_Matrix´ * inv
(Q_Matrix) * h1_vector;%
    temp_count = 0;%
    B_Matrix = zeros(M,M);%
    for i = 1:M+1
        if i ~ = refer_s
            temp_count = temp_count+1;%
            temp_vector = [sx_vector(i,1);sy_vector(i,1);sz_vector(i,1)];%
            t_vector = z0_vector(1:3,1);%
            B_Matrix(temp_count,temp_count) = norm(temp_vector-t_vector);%
        end
    end
```

Fai_1_Matrix = B_Matrix * Q_Matrix * B_Matrix;%

z1_vector = inv(G1_Matrix' * inv(Fai_1_Matrix) * G1_Matrix) * G1_Matrix' * inv(Fai_1_Matrix) * h1_vector;%

Cz_Matrix = inv(G1_Matrix' * inv(Fai_1_Matrix) * G1_Matrix);%

G2_Matrix = [1,0,0;0,1,0;0,0,1;1,1,1];%

B_Matrix = zeros(4,4);%

B_Matrix(1,1) = z1_vector(1,1) - sx_vector(refer_s,1);%

B_Matrix(2,2) = z1_vector(2,1) - sy_vector(refer_s,1);%

B_Matrix(3,3) = z1_vector(3,1) - sz_vector(refer_s,1);%

B_Matrix(4,4) = z1_vector(4,1);%

Fai_2_Matrix = 4 * B_Matrix * Cz_Matrix * B_Matrix;%

h2_vector = [(z1_vector(1,1) - sx_vector(refer_s,1))^2;(z1_vector(2,1) - sy_vector(refer_s,1))^2;...

(z1_vector(3,1) - sz_vector(refer_s,1))^2;(z1_vector(4,1))^2];%

z2_vector = inv(G2_Matrix' * inv(Fai_2_Matrix) * G2_Matrix) * G2_Matrix' * inv(Fai_2_Matrix) * h2_vector;%

z_vector = sqrt(z2_vector) + [sx_vector(refer_s,1);sy_vector(refer_s,1);sz_vector(refer_s,1)];%

Result_Matrix = zeros(8,3);%

sq_vector = abs(sqrt(z2_vector));%

Result_Matrix(1,:) = [sq_vector(1,1);sq_vector(2,1);sq_vector(3,1)] + [sx_vector(refer_s,1);sy_vector(refer_s,1);sz_vector(refer_s,1)];%

Result_Matrix(2,:) = [-sq_vector(1,1);sq_vector(2,1);sq_vector(3,1)] + [sx_vector(refer_s,1);sy_vector(refer_s,1);sz_vector(refer_s,1)];%

Result_Matrix(3,:) = [sq_vector(1,1);-sq_vector(2,1);sq_vector(3,1)] + [sx_vector(refer_s,1);sy_vector(refer_s,1);sz_vector(refer_s,1)];%

Result_Matrix(4,:) = [sq_vector(1,1);sq_vector(2,1);-sq_vector(3,1)] + [sx_vector(refer_s,1);sy_vector(refer_s,1);sz_vector(refer_s,1)];%

Result_Matrix(5,:) = [-sq_vector(1,1);-sq_vector(2,1);sq_vector(3,1)] + [sx_vector(refer_s,1);sy_vector(refer_s,1);sz_vector(refer_s,1)];%

Result_Matrix(6,:) = [-sq_vector(1,1);sq_vector(2,1);-sq_vector(3,1)] + [sx_vector(refer_s,1);sy_vector(refer_s,1);sz_vector(refer_s,1)];%

Result_Matrix$(7,:)=[$sq_vector$(1,1);-$sq_vector$(2,1);-$sq_vector$(3,1)]+$
$[$sx_vector$($refer_s$,1);$sy_vector$($refer_s$,1);$sz_vector$($refer_s$,1)];\%$

Result_Matrix$(8,:)=[-$sq_vector$(1,1);-$sq_vector$(2,1);-$sq_vector$(3,1)]$
$+[$sx_vector$($refer_s$,1);$sy_vector$($refer_s$,1);$sz_vector$($refer_s$,1)];\%$

result_vector$=$zeros$(8,1);$

for i$=1:8$

    result_vector$(i,1)=$norm$($Result_Matrix$(i,:)'-$z1_vector$(1:3,1));$

end

index_value$=0;\%$

index_value$=$find$($result_vector$==$min$($result_vector$));$

if isempty$($index_value$)==1;$

    s$=1;\%$

    estimated_vector$=0;\%$

else

    s$=0;$

    estimated_vector$=$Result_Matrix$($index_value$(1,1),:)';\%$

end

dp_vector$=$Taylor_linearizing_function$($sx_vector,sy_vector,sz_vector,estimated
_vector,TDOA_vector,refer_s$);\%$

    end

function $[$estimated_vector,s$]$ Chan_2d_with_heigh_function$($sx_vector,sy_vec-
tor, $=$ sz_vector,a_height,TOA_vector,refer_s,t_vector$)$

  %%%%%%%%%%%%%%%%%%%%%%%%%%%%%%%%%%%%%%%
%%%%%%%%%%%%%%%%%%%%%%%%%%

%函数功能:基于 Chan 算法解算出带高度的二维目标位置

%

%输入参数:

%   sx_vector:站点 x 坐标矢量

%   sy_vector:站点 y 坐标矢量

%   sz_vector:站点 z 坐标矢量

%   TOA_vector:站点接收 TOA 数据

%   a_height:场面的高度值

```
%                refer_s:参考站点
%输出参数:estimated_vector:x,y,z 坐标估计值
%
%程序编制者:
%编制时间:
%程序运行结果:
%最后修改时间:
%%%%%%%%%%%%%%%%%%%%%%%%%%%%%%%%%%%%%
%%%%%%%%%%%%%%%%%%%%%%%%%
c=3e8;%电磁波速度
%%规范化输入矢量的格式
[s_n,s_m]=size(sx_vector);
[TOA_n,TOA_m]=size(TOA_vector);
if max([s_n,s_m])<3
    msgbox('站点数目小于3','错误!!! ');
    return;
elseif max([s_n,s_m]) ~ =max([TOA_n,TOA_m])
    msgbox('站点数目与 TOA 数目不匹配','错误!!! ');
    return;
end
if s_n<s_m
    sx_vector=sx_vector';
    sy_vector=sy_vector';
    sz_vector=sz_vector';
elseif TOA_n<TOA_m
    TOA_vector=TOA_vector';
elseif length(sx_vector) ~ =length(TOA_vector)
        msgbox('站点数目与 TOA 数目不匹配','错误!!! ');
    return;
end
%%当站点数目为 3 个时的处理
if length(sx_vector)= =3
    K1=sx_vector(1,1)^2+sy_vector(1,1)^2+sz_vector(1,1)^2;%
```

```
K2 = sx_vector(2,1)^2+sy_vector(2,1)^2+sz_vector(2,1)^2;%
K3 = sx_vector(3,1)^2+sy_vector(3,1)^2+sz_vector(3,1)^2;%
temp_M = [sx_vector(2,1)-sx_vector(1,1),sy_vector(2,1)-sy_vector(1,
1);...
        sx_vector(3,1)-sx_vector(1,1),sy_vector(3,1)-sy_vector(1,
1)];%
rd_vector = [TOA_vector(2,1)-TOA_vector(1,1);TOA_vector(3,1)-
TOA_vector(1,1)].*c;%
temp_M1 = -1.*inv(temp_M);%
temp_a_vector = temp_M1*rd_vector;%
temp_b_vector = temp_M1*([rd_vector(1,1)^2-K2+K1;rd_vector(2,1)^2
-K3+K1]./2);%
ax = temp_a_vector(1,1);%
ay = temp_a_vector(2,1);%
bx = temp_b_vector(1,1);%
by = temp_b_vector(2,1);%
t_a = ax^2+ay^2-1;%
t_b = 2*(-sx_vector(1,1)*ax-sy_vector(1,1)*ay+ax*bx+ay*by);%
t_c = (K1-2*sx_vector(1,1)*bx-2*sy_vector(1,1)*by+bx^2+by^
2);%
r11 = (-t_b+sqrt(t_b^2-4*t_a*t_c))/(2*t_a);%
r21 = (-t_b-sqrt(t_b^2-4*t_a*t_c))/(2*t_a);%
%%解出的r1值有可能两个正数或负数,下面是对应的处理方法
if r11<0 && r21<0
    estimated_vector = 0;%
    s = 1;%
    return;
elseif r11>0 && r21<0
    temp_x = ax*r11+bx;%
    temp_y = ay*r11+by;
    estimated_vector = [temp_x;temp_y];%
    s = 0;%
elseif r11<0 && r21>0
```

```
            temp_x = ax * r21+bx;%
            temp_y = ay * r21+by;
            estimated_vector = [ temp_x;temp_y ];%
            s = 0;%
        else
            temp1_x = ax * r11+bx;
            temp1_y = ay * r11+by;
            temp2_x = ax * r21+bx;%
            temp2_y = ay * r21+by;%
            temp_r1 = [ temp1_x;temp1_y ];
            temp_r2 = [ temp2_x;temp2_y ];
            if norm( temp_r1-t_vector( 1:2,1 ) ) < = norm( temp_r2-t_vector( 1:2,1 ) )
                estimated_vector = temp_r1;
                s = 0;%
            else
                estimated_vector = temp_r2;
                s = 0;%
            end
        end
    end
    return;
end


%%计算 TDOA 的测量协方差矩阵 Q
M = length( sy_vector )-1;%TDOA 个数
Q_Matrix = eye( M,M )+ones( M,M );%TDOA 的测量协方差矩阵

%%根据输入 TOA 值及指定参考站点,计算 TDOA
TDOA_vector = zeros( M,1 );%初始化
G1_Matrix = zeros( M,3 );%
temp_count = 0;%
h1_vector = zeros( M,1 );%
refer_K = ( norm( [ sx_vector( refer_s,1 );sy_vector( refer_s,1 );sz_vector( refer_
s,1 )-a_height ] ) )^2;%
```

```
for i = 1:M+1
    if i~=refer_s
        temp_count=temp_count+1;%
        rd=(TOA_vector(i,1)-TOA_vector(refer_s,1))*c;%
TDOA_vector(temp_count,1)=(TOA_vector(i,1)-
TOA_vector(refer_s,1));%
        xd=sx_vector(i,1)-sx_vector(refer_s,1);
        yd=sy_vector(i,1)-sy_vector(refer_s,1);
        K=(norm([sx_vector(i,1);sy_vector(i,1);(sz_vector(i,1)-a_
height)]))^2;%
        G1_Matrix(temp_count,:)=-[xd,yd,rd];%
        h1_vector(temp_count,1)=(rd^2-K+refer_K)/2;%
    end
end


%%第一次线性近似运算
Q_Matrix=Q_Matrix;
z0_vector=inv(G1_Matrix'*inv(Q_Matrix)*G1_Matrix)*G1_Matrix'*inv
(Q_Matrix)*h1_vector;
%第一次的粗略计算处理
%%利用粗略计算值进行第一次细算处理
temp_count=0;%
B_Matrix=zeros(M,M);%
for i = 1:M+1
    if i~=refer_s
        temp_count=temp_count+1;%
        temp_vector=[sx_vector(i,1);sy_vector(i,1);sz_vector(i,1)];%
        t_vector=[z0_vector(1:2,1);a_height];%
        B_Matrix(temp_count,temp_count)=norm(temp_vector-t_vector);%
    end
end
Fai_1_Matrix=B_Matrix*Q_Matrix*B_Matrix;%
z1_vector=inv(G1_Matrix'*inv(Fai_1_Matrix)*G1_Matrix)*G1_Matrix'*
```

```
inv( Fai_1_Matrix) * h1_vector;%
    %%第二次线性运算
    Cz_Matrix = inv( G1_Matrix′ * inv( Fai_1_Matrix) * G1_Matrix) ;%
    G2_Matrix = [ 1,0;0,1;1,1] ;%
    B_Matrix = zeros( 3,3) ;%
    B_Matrix( 1,1) = z1_vector( 1,1) -sx_vector( refer_s,1) ;%
    B_Matrix( 2,2) = z1_vector( 2,1) -sy_vector( refer_s,1) ;%
    B_Matrix( 3,3) = z1_vector( 3,1) ;%
    Fai_2_Matrix = 4 * B_Matrix * Cz_Matrix * B_Matrix;%
    h2_vector = [ ( z1_vector( 1,1) -sx_vector( refer_s,1) )^2;( z1_vector( 2,1) -sy_
vector( refer_s,1) )^2;...
    ( z1_vector( 3,1) )^2-( sz_vector( refer_s,1) -a_height)^2] ;%
    z2_vector = inv( G2_Matrix′ * inv( Fai_2_Matrix) * G2_Matrix) * G2_Matrix′ *
inv( Fai_2_Matrix) * h2_vector;%
    z_vector = sqrt( z2_vector) +[ sx_vector( refer_s,1) ;sy_vector( refer_s,1) ] ;%
    Result_Matrix = zeros( 4,2) ;%
    sq_vector = abs( sqrt( z2_vector) ) ;%
    Result_Matrix( 1,:) = [ sq_vector( 1,1) ;sq_vector( 2,1) ] +[ sx_vector( refer_s,
1) ;sy_vector( refer_s,1) ] ;%
    Result_Matrix( 2,:) = [ -sq_vector( 1,1) ;sq_vector( 2,1) ] +[ sx_vector( refer_
s,1) ;sy_vector( refer_s,1) ] ;%
    Result_Matrix( 3,:) = [ sq_vector( 1,1) ;-sq_vector( 2,1) ] +[ sx_vector( refer_
s,1) ;sy_vector( refer_s,1) ] ;%
    Result_Matrix( 4,:) = [ -sq_vector( 1,1) ;-sq_vector( 2,1) ] +[ sx_vector( refer
_s,1) ;sy_vector( refer_s,1) ] ;%
    result_vector = zeros( 4,1) ;
    for i = 1:4
        result_vector( i,1) = norm( Result_Matrix( i,:)′-z1_vector( 1:2,1) ) ;
    end
    index_value = find( result_vector = = min( result_vector) ) ;
    if isempty( index_value) = = 1
        s = 1;%
        estimated_vector = 0;%
```

```
else
    s = 0; %
    estimated_vector = Result_Matrix( index_value( 1,1 ) , : )´; %
end
estimated_1_vector = [ estimated_vector;a_height ] ; %
end
```

二、机场场面 **MLAT** 监视系统的目标状态检验方法

```
clear all;
close all;
clc;
%%%%%%%%%%%%%%%%%%%%%%%%%%%%%%%%%%%%%%%
%%%%%%%%%%%%%%%%%%%%%%%%%%%%%%%%
%本程序是为了验证 MLAT 系统的静止运动判断:单个数据点仿真。
%程序编制者:
%编制时间:
%程序运行情况:
%最后修改时间:
%%%%%%%%%%%%%%%%%%%%%%%%%%%%%%%%%%%%%%%
%%%%%%%%%%%%%%%%%%%%%%%%%%%%%%
%站点坐标:x,y,z
sx = [ -114.199 280 039 007; -331.837 088 715 123;586.891 453 025 958;683.941
715 634 566;556.024 140 195 756; -331.926 465 984 318;0; -0.098 852 410 591 007 3 ] ; %
sy = [ 2 913.697 043 836 78; -240.138 363 887 517;1 854.460 463 780 55;3 116.517
545 301 58;1 166.376 654 960 01;422.073 611 019 254;0;3 527.896 144 205 86 ] ; %
sz = [ -3.489 797 803 522 37; -5.383 169 583 459 3;28.302 105 333 559;18.578 232
944 179 4; -4.601 390 093 719 2; -4.512 665 104 481 47;0; -5.710 445 747 894 25 ] ; %
%目标特性
tx1 = -360;%目标 x 坐标
ty1 = 300;%目标 y 坐标
tz1 = 10;%目标 z 坐标
tx1_vector = [ tx1;ty1;tz1 ] ; %目标 x,y,z 坐标
CLRB_Matrix = GDOP3_function( sx,sy,sz,tx1_vector ) ; %解出目标坐标的
```

GDOP 矩阵

```
[GDOPX GDOPY GDOPZ CRLB]=crgd_3d(8,sx´,sy´,sz,tx1_vector(1,1),
tx1_ vector(2,1),tx1_vector(3,1));
    target_vx=8.0;%目标 x 轴速度
    target_vy=0.0;%目标 y 轴速度
    tv=1;%时间间隔
    tx2=tx1+target_vx*tv;%1 个时间间隔后的目标的 x 坐标
    ty2=ty1+target_vy*tv;%1 个时间间隔后的目标的 y 坐标
    tz2=tz1;%1 个时间间隔后的目标的 z 坐标
    tx2_vector=[tx2;ty2;tz2];%1 个时间间隔后的目标的 x,y,z 坐标
    TOA_std=3e-9;%噪声的标准差
    c=3e8;%光速
    CLRB_Matrix2=GDOP3_function(sx,sy,sz,tx2_vector);%新位置的 GDOP
    C1=CLRB_Matrix(1:2,1:2)*(c*TOA_std)^2;%
    CT=inv(2*C1);%
    [V,D]=eig(C1);
    W=sqrt(inv(2.*D))*V;%
    %计算 TDOA
    cycle_number=10 000;%
    s1=[sx(1,1);sy(1,1);sz(1,1)];%
    Pxyz_Matrix=zeros(1,3);%
    temp_count=0;%
    temp_count2=0;%
    for i=1:cycle_number
        TOA_1=norm(tx1_vector-s1)/c+TOA_std*randn(1,1);%
        TDOA_vector=zeros(1,length(sx)-1);%
        for j=1:length(sx)-1
            temp_s=[sx(j+1,1);sy(j+1,1);sz(j+1,1)];%
            temp_TOA=norm(temp_s-tx1_vector)/c+TOA_std*randn(1,1);%
            TDOA_vector(1,j)=temp_TOA-TOA_1;%
        end
        TOA_12=norm(tx2_vector-s1)/c+TOA_std*randn(1,1);%
        TDOA2_vector=zeros(1,length(sx)-1);%
```

```matlab
    for j = 1:length(sx)-1
        temp_s = [sx(j+1,1);sy(j+1,1);sz(j+1,1)];%
        temp_TOA = norm(temp_s-tx2_vector)/c+TOA_std * randn(1,1);%
        TDOA2_vector(1,j) = temp_TOA-TOA_12;%
    end
    [pxyz,sign3] = chan_3d_Lv3(8,sx´,sy´,sz´,TDOA_vector);%
    [pxyz2,sign32] = chan_3d_Lv3(8,sx´,sy´,sz´,TDOA2_vector);%
    if sign3 == 1&&sign32 == 1
        temp_count = temp_count+1;%
        Pxyz_Matrix(temp_count,:) = pxyz;%
        Pxyz2_Matrix(temp_count,:) = pxyz2;%
        pxy21_vector = pxyz2(1,1:2)-pxyz(1,1:2);
        Pxy21_Matrix(temp_count,:) = pxy21_vector;%
        sga1_vector(temp_count,1) = pxy21_vector * CT * pxy21_vector´;%
        New_pxy_Matrix(:,temp_count) = (W * pxy21_vector´);%
    end
end


P = chi2cdf(sga1_vector,2);%
[f,xi] = ksdensity(sga1_vector,´support´,´positive´);
% figure;
hold on;
plot(xi(1,2:end),f(1,2:end),´g * ´)
P0 = chi2pdf(xi,2);%
hold on;
plot(xi(1,2:end),P0(1,2:end),´rO´)
H = kstest(sga1_vector,[sga1_vector,P],0.05)
m1_xyz_vector = mean(Pxyz_Matrix);%
m2_xyz_vector = mean(Pxyz2_Matrix);%
C1_Matrix = zeros(3,3);%
C2_Matrix = zeros(3,3);%
for i = 1:length(Pxyz_Matrix(:,1))
    temp1_xyz = Pxyz_Matrix(i,:)-m1_xyz_vector;
```

```
        temp2_xyz = Pxyz2_Matrix(i,:)-m2_xyz_vector;
        C1_Matrix = C1_Matrix+temp1_xyz´ * temp1_xyz;
        C2_Matrix = C2_Matrix+temp2_xyz´ * temp2_xyz;
    end
C1_Matrix = C1_Matrix/length(Pxyz_Matrix(:,1));
C2_Matrix = C2_Matrix/length(Pxyz_Matrix(:,1));
C = CLRB_Matrix * (c * TOA_std)^2;
Pxyz21_Matrix = Pxyz2_Matrix-Pxyz_Matrix;%
for i = 1:10 000
    x1 = randn(1,2);
    sga(i,1) = x1 * eye(2,2) * x1´;%
end
P1 = chi2cdf(sga,2);
H1 = kstest(sga,[sga,P1],0.05)


function [CLRB_Matrix] = GDOP3_function(s_x_vector, s_y_vector, s_z_
vector, tx_vector)


%%%%%%%%%%%%%%%%%%%%%%%%%%%%%%%%%%%%%
%%%%%%%%%%%%%%%%%%%%%%%%%%%%%%
%子程序的作用是计算所给站点及目标的 GDOP
%输入参数:
%站点的 x 坐标:s_x_vector
%站点的 y 坐标:s_y_vector
%站点的 z 坐标:s_z_vector
%目标的 x,y,z 坐标:tx_vector
%以上既可以是列矢量,又可以是行矢量
%输出参数:
%方阵:所解出 x,y,z 的 GDOP 相关阵
%程序编制者:
%编制时间:
%程序运行情况:
%最后修改时间:
```

```
%%%%%%%%%%%%%%%%%%%%%%%%%%%%%%%%%%%%%%%%%
%%%%%%%%%%%%%%%%%%%%%%%%%%%%%%%

%%%输入变换为列矢量
[nx,ny] = size(s_x_vector);
if nx ~ = 1&&ny = = 1
    s_x_vector = s_x_vector;%
elseif nx = = 1&&ny ~ = 1
    s_x_vector = s_x_vector´;%
else
    msgbox('输入维数错误','输入站点 x 坐标变量错误');
end
[nx,ny] = size(s_y_vector);
if nx ~ = 1&&ny = = 1
    s_y_vector = s_y_vector;%
elseif nx = = 1&&ny ~ = 1
    s_y_vector = s_y_vector´;%
else
    msgbox('输入维数错误','输入站点 y 坐标变量错误');
end
[nx,ny] = size(s_z_vector);
if nx ~ = 1&&ny = = 1
    s_z_vector = s_z_vector;%
elseif nx = = 1&&ny ~ = 1
    s_z_vector = s_z_vector´;%
else
    msgbox('输入维数错误','输入站点 z 坐标变量错误');
end
[nx,ny] = size(tx_vector);
if nx ~ = 1&&ny = = 1
    tx_vector = tx_vector;%
elseif nx = = 1&&ny ~ = 1
    tx_vector = tx_vector´;%
```

```matlab
    else
        msgbox('输入维数错误','输入目标坐标变量错误');
    end
    %%%计算 TDOA 相关矩阵(Q 矩阵)和位置矩阵(G 矩阵)
    Q=1*ones(length(s_x_vector)-1,length(s_x_vector)-1)+1*eye(length(s_x_vector)-1,length(s_x_vector)-1);%
    G=zeros(length(s_x_vector)-1,3);%
    sx1=s_x_vector(1,1);
    sy1=s_y_vector(1,1);
    sz1=s_z_vector(1,1);
    tx=tx_vector(1,1);%
    ty=tx_vector(2,1);%
    tz=tx_vector(3,1);%
    s1=[sx1;sy1;sz1];%
    r1=norm(s1-tx_vector);%
    for i=1:length(s_x_vector)-1
        temp_x=s_x_vector(i+1,1);%
        temp_y=s_y_vector(i+1,1);%
        temp_z=s_z_vector(i+1,1);%
        temp_r=norm([temp_x;temp_y;temp_z]-tx_vector);%
        G(i,:)=[(temp_x-tx)/temp_r-(sx1-tx)/r1,(temp_y-ty)/temp_r-(sy1-ty)/r1,(temp_z-tz)/temp_r-(sz1-tz)/r1];%
    end
    CLRB_Matrix=inv(G'*inv(Q)*G);%
end

clear all;
close all;
clc;
%%%%%%%%%%%%%%%%%%%%%%%%%%%%%%%%%%%%%%%%%%%%%%%%%%%%%%%%%%%%%%%%%%%%%%%%%%%%
%本程序是为了验证 MLAT 系统的静止运动判断:多个个数据点仿真。
%程序编制者:
```

```
%编制时间:
%程序运行情况:
%最后修改时间:
%%%%%%%%%%%%%%%%%%%%%%%%%%%%%%%%%%
%%%%%%%%%%%%%%%%%%%%%%%%%%%%
n=1;
s=0;%
% for p=1:n
c=3e8;%
TOA_std=3e-9;%
%定于接收站点坐标:x,y,z
sx=[-114.199 280 039 007;-331.837 088 715 123;586.891 453 025 958;683.941
715 634 566;556.024 140 195 756;-331.926 465 984 318;0;-0.098 852 410 591 007 3];%
sy=[2 913.697 043 836 78;-240.138 363 887 517;1 854.460 463 780 55;3 116.517
545 301 58;1 166.376 654 960 01;422.073 611 019 254;0;3 527.896 144 205 86];%
sz=[-3.489 797 803 522 37;-5.383 169 583 459 3;28.302 105 333 559;18.578 232
944 179 4;-4.601 390 093 719 2;-4.512 665 104 481 47;0;-5.710 445 747 894 25];%
%目标特性:位置和速度
tx1=-360;%目标 x 坐标初始位置
ty1=300;%目标 y 坐标初始位置
tz1=10;%目标 z 坐标初始位置
tx1_vector=[tx1;ty1;tz1];%目标初始位置矢量
target_vx=1.0;%0 目标 x 轴速度
target_vy=0.0;%目标 y 轴速度
tv=1;%时间间隔,单位:秒
target_data_number=10;%窗口大小
t_vector=0:target_data_number-1;%窗口持续时间
Target_Data_Matrix=zeros(target_data_number,3);%
xc_vector=zeros(target_data_number,1);%
yc_vector=zeros(target_data_number,1);%
xyc_vector=zeros(target_data_number,1);%
for i=1:target_data_number
    temp_t=t_vector(1,i);%时间间隔
```

```
        temp_tx = tx1+target_vx * temp_t;%移动后的目标 x 轴
        temp_ty = ty1+target_vy * temp_t;%移动后的目标 y 轴
        temp_t_vector = [temp_tx,temp_ty,tz1];%移动后的目标 x,y,z 轴
        Target_Data_Matrix(i,:) = temp_t_vector;%
        CLRB_Matrix = GDOP3_function(sx,sy,sz,temp_t_vector);%计算目标所
在位置的误差协方差矩阵
        C1 = CLRB_Matrix(1:2,1:2) * (c * TOA_std)^2;%
        xc_vector(i,1) = C1(1,1);%
        yc_vector(i,1) = C1(2,2);%
        xyc_vector(i,1) = C1(1,2);%
    end
    XC_Matrix = zeros(target_data_number-1,target_data_number-1);
    YC_Matrix = zeros(target_data_number-1,target_data_number-1);
    XYC_Matrix = zeros(target_data_number-1,target_data_number-1);
    for i = 1:target_data_number-1
        XC_Matrix(i,i) = xc_vector(i,1);%
        YC_Matrix(i,i) = yc_vector(i,1);%
        XYC_Matrix(i,i) = xyc_vector(i,1);%
    end
    XC_Matrix = XC_Matrix+xc_vector(target_data_number,1) * ones(target_data_
number-1,target_data_number-1);%
    YC_Matrix = YC_Matrix+yc_vector(target_data_number,1) * ones(target_data_
number-1,target_data_number-1);%
    XYC_Matrix = XYC_Matrix+xyc_vector(target_data_number,1) * ones(target_
data_number-1,target_data_number-1);%
    AC = [XC_Matrix,XYC_Matrix;XYC_Matrix,YC_Matrix];%
    CT = inv(AC);%
    %%%循环判断过程
    cycle_number = 10 000;%
    s1_vector = [sx(1,1);sy(1,1);sz(1,1)];%
    Target_Matrix = cell(target_data_number-1,1);%
    Count_Matrix = zeros(target_data_number-1,1);%
    t_n = 0;%
```

```
sga_vector = 0;%
for i = 1:cycle_number
    temp_count = 0;%
    Temp_Matrix = zeros(1,2);%
    for j = 1:target_data_number
        temp_t_vector = Target_Data_Matrix(j,:);%
        r1 = norm(s1_vector-temp_t_vector');%
        TOA1 = r1/c+TOA_std * randn(1,1);%
        TDOA_vector = zeros(1,length(sx)-1);%
        for k = 1:length(sx)-1
            temp_s_vector = [sx(k+1,1);sy(k+1,1);sz(k+1,1)];%
temp_TOA = norm(temp_t_vector'-temp_s_vector)/c+TOA_std * randn(1,1);%
            TDOA_vector(1,k) = temp_TOA-TOA1;%
        end
        [pxyz,sign3] = chan_3d_Lv3(8,sx',sy',sz',TDOA_vector);%
        if sign3 == 1
            temp_count = temp_count+1;%
            Temp_Matrix(temp_count,:) = pxyz(1,1:2);%
        end
    end
    temp_d_vector = 0;%
    temp_sga = 0;%
    x_vector = 0;%
    y_vector = 0;%
    xy_vector = 0;%
    if temp_count == target_data_number
        temp_data_vector = Temp_Matrix(target_data_number,:);%
        for m = 1:target_data_number-1
            Count_Matrix(m,1) = Count_Matrix(m,1)+1;%
            temp_d_vector = temp_data_vector-Temp_Matrix(m,:);%
            Target_Matrix{m,1}(Count_Matrix(m,1),:) = temp_d_vector;%
            x_vector(m,1) = temp_d_vector(1,1);
            y_vector(m,1) = temp_d_vector(1,2);
```

```
            end
        xy_vector = [ x_vector; y_vector] ; %
        temp_sga = temp_sga+xy_vector´ * CT * xy_vector; %
        t_n = t_n+1; %
        sga_vector( t_n,1) = temp_sga; %
    end
end
[ f,xi] = ksdensity( sga_vector,´support´,´positive´) ;
hold on;
plot( xi,f,´g^´)
P0 = chi2pdf( xi,( target_data_number−1) * 2) ; %
hold on;
plot( xi( 1,2:end) ,P0( 1,2:end) ,´yO´)
```

三、多参考发射机的 MLAT 系统同步方法

```
clear all;
close all;
clc;
sn = 9; %站点个数
max_v = 100; %路径选择时,不连通时的权重值
%%%%%%%%%%%%%%%%%%%%%%%%%%%%%%%%%%%%%%%
%%%%%%%%%%%%%%%%%%%%%%%%%%%%%%
%本程序用来验证多参考机算法估计固定时延
%程序编制者:
%编制时间:
%运行效果:
%最后修改时间:
%%%%%%%%%%%%%%%%%%%%%%%%%%%%%%%%%%%%%%%
%%%%%%%%%%%%%%%%%%%%%%%%%%%%
s_delay_vector = [ 0,10,20,30,40,50,60,70,80] ; %各个站点的时延值设置
Refer_s_n{ 1,1} = [ 1,2,3,4] ; %参考机 1 所覆盖的站点
Refer_s_n{ 1,2} = [ 1,2,7,8] ; %参考机 2 所覆盖的站点
Refer_s_n{ 1,3} = [ 1,2,3,5,8] ; %参考机 3 所覆盖的站点
```

```
Refer_s_n{1,4}=[5,6];%参考机4所覆盖的站点
Refer_s_n{1,5}=[9];%参考机5所覆盖的站点
noise_amp=2;%噪声标准差
cycle_n=10 000;%蒙特卡罗的循环次数
for p=1:cycle_n
    %%分别计算各个参考机的连接状态矩阵和 TDOA 矩阵
    for i=1:length(Refer_s_n) %按照各个参考机,循环计算
        Temp_State_Matrix=zeros(sn,sn);%临时变量矩阵,用来计算各个
参考机的连接矩阵
        Temp_TDOA_Matrix=zeros(sn,sn);%临时变量矩阵,用来计算各
个参考机的 TDOA 矩阵
        for j=1:length(Refer_s_n{1,i}) %各个参考机所覆盖范围内的接
收站
            temp_j=Refer_s_n{1,i}(1,j);%
            for k=j+1:length(Refer_s_n{1,i})
                temp_k=Refer_s_n{1,i}(1,k);%
                if temp_j~=temp_k
                    Temp_State_Matrix(temp_j,temp_k)=1;%
        Temp_TDOA_Matrix(temp_j,temp_k)=(s_delay_vector(1,temp_k)+
noise_amp*randn(1,1))-(s_delay_vector(1,temp_j)+noise_amp*randn(1,
1));%;%
                end
            end
        end
        Temp1_State_Matrix=Temp_State_Matrix+Temp_State_Matrix';%
        Temp1_TDOA_Matrix=Temp_TDOA_Matrix-Temp_TDOA_Matrix';%
        State_Matrix{1,i}=Temp1_State_Matrix;%
        TDOA_Matrix{1,i}=Temp1_TDOA_Matrix;%
    end
    All_State_Matrix=zeros(sn,sn);%
    All_TDOA_Matrix=zeros(sn,sn);%
    for i=1:length(Refer_s_n)
        All_State_Matrix=All_State_Matrix+State_Matrix{1,i};%
```

```
                All_TDOA_Matrix = All_TDOA_Matrix+TDOA_Matrix{1,i};%
        end
        Weight_Matrix = max_v * ones(sn,sn);%
        for i = 1:sn
            for j = 1:sn
                if All_State_Matrix(i,j) ~ = 0
    All_TDOA_Matrix(i,j) = All_TDOA_Matrix(i,j)/All_State_Matrix(i,j);%
                    Weight_Matrix(i,j) = 1/All_State_Matrix(i,j);%
                    All_State_Matrix(i,j) = 1;%
                end
            end
        end
        begin_point = 7;%
        end_point = 8;%
    [route_vector,ws] = find_shortest_route_function_1(begin_point,end_point,All
_State_Matrix,Weight_Matrix,max_v);%
        new_route = 0;%
        temp_count = 0;%
        for i = 1:length(route_vector)
            if route_vector(1,i) ~ = 0
                temp_count = temp_count+1;%
                new_route(1,temp_count) = route_vector(1,i);%
            end
        end
        TDOA_ij = 0;%
        noise = 0;%
        for i = 1:length(new_route)-1
            down_v = new_route(1,i);%
            up_v = new_route(1,i+1);%
            TDOA_ij = TDOA_ij+All_TDOA_Matrix(down_v,up_v);%
            noise = noise+noise_amp * randn(1,1)-noise_amp * randn(1,1);%
        end
        TDOA_ij_vector(1,p) = TDOA_ij;%
```

```
            noise_vector(1,p) = noise;%
    end
    mean_TDOA = mean(TDOA_ij_vector);%
    var_TDOA = var(TDOA_ij_vector);%
    noise_var = var(noise_vector);%


    function [w_value,s_v] = link_judge_function(begin_s,end_s,L_Matrix,W_
Matrix, unlin king_contant_value)
        if begin_s ~ = end_s
            if L_Matrix(begin_s,end_s) = = 1
                s_v = 'linking';
                w_value = W_Matrix(begin_s,end_s);%
            else
                s_v = 'un_linking';
                w_value = unlinking_contant_value;%
            end
        else
            s_v = 'abnormal';
        end
    end


    function [TDOA_route_vector,weight_sum,signal] = find_shortest_route_
function_1
    (begin_point,end_point,L_Matrix,W_Matrix,unlinking_contant_value)
    %%%%%%%%%%%%%%%%%%%%%%%%%%%%%%%%%%%%%%%%%
    %%%%%%%%%%%%%%%%%%%%%%%%%%%%%%%%%%%%%%%%%%%%
    %%%%%%%%%%%本子程序的作用:寻找最短路径
    %参数设置定义
    %输入参数:begin_point-起始站点
    %              end_point-结束站点
    %              L_Matrix-连接矩阵
    %              W_Matrix-加权矩阵
    %输出参数:   TDOA_route_vector-最短路径所经过站点矢量
```

```
%                    weight_sum-最短路径所经过站点的权重之和
%                    signal- 0:正常输出,1:无路径连通,2:输入数据格式错误
%程序编制者:
%程序编制时间:
%程序运行效果:
%程序最后修改时间:%
%%%%%%%%%%%%%%%%%%%%%%%%%%%%%%%%%%%%
%%%%%%%%%%%%%%%%%%%%%%%%%%%%%%%%%%%%
%%%%%%%%%%
%%%判断连接矩阵和权重矩阵的维数是否相同
[n1,n2]=size(L_Matrix);
[n3,n4]=size(W_Matrix);
if begin_point==end_point
    TDOA_route_vector=0;%
    weight_sum=0;%
    signal=2;%
    return;
elseif (n1==1)|(n2==1)|(n3==1)|(n4==1)
    TDOA_route_vector=0;%
    weight_sum=0;%
    signal=2;%
    return;
elseif n1~=n2 |n3~=n4|n1~=n3|n3~=n4
    TDOA_route_vector=0;%
    weight_sum=0;%
    signal=2;%
    return;
end
signal=0;%
s_vector=0;%初始化最优路径节点矢量
u_vector=zeros(1,n1-1);%初始化候选节点矢量
temp_count=0;%初始化中间变量
s_weight_vector=0;%最优路径节点权重矢量
```

%%%将初始节点赋值给最优路径节点矢量,将其与节点赋值给路径节点矢量

```
for i=1:n1
    if i==begin_point
        s_vector(1,1)=begin_point;%获得起始点,这里是用起始点作为最优路径节点矢量
    else
        temp_count=temp_count+1;
        u_vector(1,temp_count)=i;%在候选节点矢量里,在这个阶段是除起始点以外的其余点
    end
end
%%%初始化权重矢量
u_weight_vector=zeros(1,length(u_vector));%候选路径节点权重矢量
U_Path_Matrix=zeros(n1,n1);%候选路径矩阵
S_Path_Matrix=zeros(n1,n1);%最优路径矩阵
temp_count=0;%
s_weight_vector=0;%
for i=1:length(u_vector)
    temp_node_ID=u_vector(1,i);%
    [w_value,s_v]=link_judge_function(begin_point,temp_node_ID,L_Matrix,W_Matrix,unlinking_contant_value);%
        if strcmp(s_v,'abnormal')~=1
            u_weight_vector(1,i)=w_value;%
            if w_value~=unlinking_contant_value
                U_Path_Matrix(temp_node_ID,1:2)=[s_vector(1,1),temp_node_ID];%
            end
        else
            signal=2;%
            TDOA_route_vector=0;%
            weight_sum=0;%
        end
```

```
    end
    if round( min( u_weight_vector)/unlinking_contant_value) = = 1
        TDOA_route_vector = 0;%
        weight_sum = 0;%
        signal = 1;%
        return;
    end
    cycle_flag = 0;%后面的 while 结束标记,当 cycle_flag = = 1 时,while 结束循环
    TDOA_route_vector(1,1) = begin_point;% %
    while( cycle_flag = = 0) && ( length( u_vector) ~ = 0)    %循环处理
        [ temp _ n1, temp _ n2 ] = find ( u _ weight _ vector = = min ( u _ weight _
vector) );%找到权重最小的项
        temp_s = u_vector(1,temp_n2(1,1));%取出权重最小的节点项
        s_vector = [ s_vector, temp_s ];%将权重最小的节点项加入到 s 矢量中
        temp_w = u_weight_vector(1,temp_n2(1,1));%取出权重最小项
        s_weight_vector = [ s_weight_vector, temp_w ];%将权重最小项加入到 s
权重矢量中        %%
        if temp_w = = unlinking_contant_value
            TDOA_route_vector = 0;%
            weight_sum = 0;%
            signal = 1;%
            return;
        end
        S_Path_Matrix( temp_s,: ) = U_Path_Matrix( temp_s,: );%
        u_vector( temp_n2(1,1) ) = [ ];%
        u_weight_vector( temp_n2(1,1) ) = [ ];%
        if temp_s = = end_point
            TDOA_route_vector = [ S_Path_Matrix( temp_s,: ) ];%
            weight_sum = s_weight_vector(1,end);%
            break;%
        end
        begin_point = temp_s;%
        for i = 1:length( u_vector)
```

```
temp_node_ID = u_vector( 1 ,i) ;%
[ w_value ,s_v ] = link_judge_function( begin_point ,temp_node_ID , L
_Matrix ,W_Matrix ,unlinking_contant_value) ;%
        if strcmp( s_v ,'abnormal') ~ = 1
            if   s_weight_vector( 1 ,end) +w_value<u_weight_vector( 1 ,i)
                u_weight_vector( 1 ,i) = s_weight_vector( 1 ,end) +w_value ;%
                temp_count = 0 ;%
                for j = 1 :n1
                    if S_Path_Matrix( begin_point ,j) ~ = 0
                        temp_count = temp_count+1 ;%
                    end
                end
                U_Path_Matrix( temp_node_ID , : ) = S_Path_Matrix( begin_
point , : ) ;%
                U_Path_Matrix ( temp_node_ID ,temp_count + 1 ) = temp_
node_ID ;%
            end
        end
    end
end
end
```

致　谢

　　在本书完成之际，首先，笔者要衷心感谢万群教授和刘昌忠研究员。万老师和刘老师深厚广博的学术造诣、严谨求实的治学风范、勤奋忘我富于创新的学术精神，潜移默化间，使我终身受益。

　　其次，借此机会，笔者要向民航二所科研中心 MLAT 项目组的各位同事表示感谢。他们是郭建华、何东林、王伟、蒋凯、金立杰、李恒、黄忠涛、邓圣吉、张益等。与大家一起讨论问题，我受到很多启发，增加了探索难点问题的学术勇气，提高了我对 MLAT 系统整体架构的理解。笔者还要向民航二所科研中心的其他同事表示感谢，正是诸君的陪伴，让我度过这难忘的、精彩的、具有挑战性的几年，他们是徐自励、陈通、朱盼、龙柯宇、司泉、王国强、吴敏、李静、姚辉等。

　　同时，我还要向各位博士生同学表示感谢，感谢他们给予我的弥足珍贵的友谊，使我在黑暗中有了寻找光明的勇气。他们是吴宏刚博士、刘波博士、唐斌博士、陈会博士、杨浩森博士、赵建宏博士、鲜海滢博士、陈克松博士、谭小刚博士等。特别感谢吴宏刚博士的帮助，我才有机会参与 MLAT 项目并取得了一点小小的成绩。

　　感谢中南空管局和西南空管局，特别是桂林空管站和两江国际机场在我们进行 MLAT 系统的外场实验时的大力协助。

　　同时还要感谢四川农业大学商学院各位老师的大力支持与帮助。

　　最后，要感谢我的家人，没有他们的关心和无私的支持，我是不可能完成研究工作的。在这里，我还要特别感谢我的妻子骆无穷女士。本书的完成，与她的关心、理解、支持和鼓励是分不开的。还有我可爱的小女儿，本书的完成也有她的一份功劳。

　　谨以此书献给我亲爱的父母！

彭卫

2022 年 6 月